中国科学院大学研究生教材系列

# 机电伺服控制系统设计基础

王建立　邓永停　编著

科学出版社

北京

# 内 容 简 介

机电伺服控制系统设计技术是一门集自动控制、电力电子技术、电机传动、机械设计等学科于一体的综合性专业技术。本书系统深入地介绍了与机电伺服控制系统相关的基础设计方法和性能优化方法。本书共 8 章，内容主要包括机电伺服控制系统概述、交流永磁同步电机及基本控制方法、永磁同步电机驱动控制硬件设计、机电伺服控制系统建模、机电伺服控制系统设计、机电伺服控制系统性能优化方法、机电伺服控制系统饱和非线性控制以及目标轨迹预测滤波技术。

本书可作为高等院校、科研院所中自动化、电气传动自动化、机电一体化、电机及其控制、电力电子技术等专业的研究生和高年级本科生的教材，特别适合供从事伺服控制系统相关设计和研发的技术人员学习参考。

**图书在版编目（CIP）数据**

机电伺服控制系统设计基础 / 王建立，邓永停编著. — 北京：科学出版社，2023.6
中国科学院大学研究生教材系列
ISBN 978-7-03-074580-4

Ⅰ．①机… Ⅱ．①王… ②邓… Ⅲ．①伺服控制－控制系统－系统设计－研究生－教材 Ⅳ．①TP275

中国国家版本馆 CIP 数据核字（2023）第 010210 号

责任编辑：朱晓颖 / 责任校对：胡小洁
责任印制：张 伟/ 封面设计：迷底书装

科 学 出 版 社 出版
北京东黄城根北街 16 号
邮政编码：100717
http://www.sciencep.com
北京虎彩文化传播有限公司 印刷
科学出版社发行 各地新华书店经销
*
2023 年 6 月第 一 版 开本：787×1092 1/16
2023 年 6 月第一次印刷 印张：12
字数：300 000

**定价：88.00 元**
（如有印装质量问题，我社负责调换）

# 前　言

近年来，在全球范围内掀起了以人工智能为代表的工业自动化技术发展浪潮。作为工业自动化的重要组成部分，机电伺服控制系统随着电机制造技术、传感器技术、电力电子技术和微电子控制技术等支撑技术的快速发展，不断更新换代，优化升级。尤其是矢量控制技术的发展，使得交流电机高动态响应的转矩控制得以实现，极大地提高了机电伺服控制系统的控制性能，并且使得交流伺服控制系统在机器人、航空航天、工业控制和光电跟踪等诸多领域中得到了广泛应用。

在中国科学院长春光学精密机械与物理研究所，作者长期从事地基大口径光学望远镜总体和光电跟踪伺服系统研究工作，解决了传统的光电经纬仪等光电跟踪系统快速跟踪目标等难题，指导学生开展交流电机用于大型地基光电设备伺服控制系统的创新研究，成果已经应用在国内 1.2m、2m 和 4m 地基光电成像望远镜上，取得了非常好的控制效果，特别是解决了国内最大口径 4m 地基光学望远镜的精密跟踪驱动难题。

作者在长春光学精密机械与物理研究所既是科研工作者，又是研究生指导老师，同时作为所领导，分管研究生教育工作，身兼科技创新、人才培养的使命与职责。为践行党的二十大报告提出的"我们要坚持教育优先发展、科技自立自强、人才引领驱动，加快建设教育强国、科技强国、人才强国，坚持为党育人、为国育才，全面提高人才自主培养质量，着力造就拔尖创新人才，聚天下英才而用之""加强教材建设和管理""培养造就大批德才兼备的高素质人才，是国家和民族长远发展大计"等具体要求，作者深刻体会到在指导学生积累大量实践经验的基础上，有必要结合本职工作，系统性地编写一本教材，目的在于为从事光电跟踪伺服系统研究的研究生，提供一本理论系统、应用高效、富有特色的机电伺服控制系统教材，满足工程创新型人才的培养需求。

本书从机电伺服控制系统设计的角度出发，系统地介绍了交流永磁同步电机及其基本控制方法，并分别从机电伺服控制系统机械结构仿真建模、控制器设计方法、性能优化方法、饱和非线性控制以及目标轨迹预测滤波技术等方面进行了详细阐述，具体如下。

第 1 章对机电伺服控制系统进行概述，简单介绍了机电伺服控制系统的主要组成部分及发展趋势，并提出了机电伺服控制系统的 5 个常见问题。第 2 章讨论交流永磁同步电机工作原理、数学模型及基本控制方法，同时对永磁同步电机调速系统的仿真建模方法进行了介绍。第 3 章介绍永磁同步电机伺服控制系统的硬件驱动和控制电路设计方法。第 4 章针对机电伺服控制系统机械结构仿真建模方法进行讨论，介绍了机械谐振现象的原因及其对伺服控制系统的影响，在此基础上，介绍了基于 Hankel 矩阵的特征系统实现模型辨识方法。第 5 章对机电伺服控制系统的基本设计方法进行介绍，包括三环控制器设计、数字实现、数字滤波技术以及陷波器技术等。第 6 章针对机电伺服控制系统性能的提升，讨论了前馈控制、速度滞后补偿控制、加速度滞后补偿控制、加速度反馈控制等性能优化方法。第 7 章针对机电伺服控制系统中普遍存在的饱和非线性导致性能下降的问题，探讨了两类相应的解决方法。第 8 章对图像跟踪系统一类机电伺服控制系统中的脱靶量滞后问题进行了讨论，介绍了减少脱靶量滞后影响的目标轨迹预测滤波技术。本书各章在介绍设计方法时均给出了仿真实例，便于读者更好地对其进行理解和掌握。

　　本书由王建立负责全书的内容规划，编写第 1 章、第 6 章、第 8 章；邓永停编写第 2～4 章；刘京编写第 5 章、第 7 章，并负责全书统稿和校对。在本书编写过程中，参考了国内外大量相关文献资料，在此谨向各位同行深表谢意。本书的编写还得到了中国科学院长春光学精密机械与物理研究所光电探测部同事的支持和帮助，在此一并向他们表达感谢。

　　为满足我国"两弹一星"中远程导弹的弹道精密测量，以王大珩先生为代表的中国科学院长春光学精密机械与物理研究所科学家开创了我国大型地基光电跟踪测量设备研究的事业，2022 年恰逢中国科学院长春光学精密机械与物理研究所建所 70 周年，我们要继承和发扬大珩先生等老一辈长光人"开拓创新、奖掖后人"的科学家精神，为国家培养更多的光电跟踪控制领域优秀人才。

　　本书得到了中国科学院大学教材出版中心的资助，在此表示感谢。

　　由于作者水平有限，书中难免会有疏漏之处，敬请匡正。

王建立

2022 年 12 月

中国科学院长春光学精密机械与物理研究所

# 目　　录

# 第1章 机电伺服控制系统概述

机电伺服控制系统(Electromechanical Servo Control System)是实现从电能到机械能转换的有效装置，它广泛应用于仪表、飞行器、光电跟踪、机器人、航空航天等各种领域。典型的机电伺服控制系统组成如图 1-1 所示，其主要由电动机、功率变换器、调制器、控制器、负载、主控计算机和电源等组成。

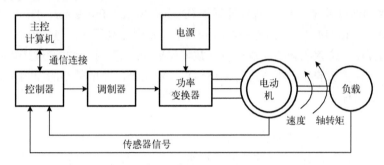

图 1-1  典型的机电伺服控制系统组成

下面对机电伺服控制系统的各主要组成部分进行简要介绍。

## 1)电动机

电动机是机电伺服控制系统的执行部件，它实现了电能到机械能的转换。典型的电动机分为两大类，即直流电机和交流电机。其中，交流电机由于取消了换向器，其结构更简单、更可靠，也更便于制造成高转速、高电压、大电流和大容量的电机。如图 1-2 所示，交流电机的功率覆盖范围很大，低至几瓦，高至几十兆瓦。因此，目前交流电机在机电伺服控制系统中得到了更为广泛的应用。交流电机包括交流感应电机、交流永磁同步电机以及交流开关磁阻电机等。

(a)功率小于1W的驱动电机　　　　　(b)功率大于10MW的驱动电机

图 1-2  两种极端功率的驱动电机

## 2)功率变换器

功率变换器包括一系列的电力电子开关，这些开关主要用来实现电源与电机之间能源的传递。电力电子开关的打开和关闭都会产生开关损耗,因此功率变换器的效率不会达到100%,大功率电力电子器件的能量通常以发热的形式散失。近年来,电力电子器件技术迅速发展,设计人员可以根据设计需求,在众多类型的功率变换器中进行合理的选择。目前,工业上常用的功率变换器包括功率场效应晶体管(MOSFET)和绝缘栅双极型晶体管(IGBT)等。

**3)调制器**

调制器主要用来控制功率变换器中电力电子开关的打开与关闭,其调制周期通常在微秒量级。调制器一般通过脉宽调制(Pulse Width Modulation,PWM)的方式输出调制波形,脉宽调制的载波频率通常在几千赫兹到100kHz之间。

**4)控制器**

典型的控制器硬件是指数字信号处理器(Digital Signal Processor,DSP)或者微控制器(Microcontroller Unit,MCU)。在控制器中嵌入了一系列控制程序,包括电流闭环控制程序、速度闭环控制程序、位置闭环控制程序以及故障保护程序等。控制器通过采集各种传感器信号以及接收主控计算机的参考指令进行闭环运算,输出调制器所需要的控制参数,最终实现系统伺服控制的目标。

**5)负载**

负载是机电伺服控制系统的核心部件,是系统伺服控制的目标对象。负载与电机的连接一般根据应用需求进行设计,但其连接方式对整个机电伺服控制系统的性能具有一定的影响。在高动态响应的伺服控制系统中,通常选择基于大力矩电机的直驱形式,即电机转轴与负载直接连接;而在动态响应要求较低的应用场合,通常采用力矩相对较小的电机带动齿轮传动的间接驱动形式。此外,为了达到负载的控制性能要求,通常需要在电机或负载的转轴上安装传感器来实时检测它的位置、转速以及力矩等反馈信息。

**6)主控计算机**

主控计算机是机电伺服控制系统的操控者,它可以是一套嵌入式微型处理器,也可以是一台计算机。主控计算机与控制器通过数字通信连接进行远程控制和故障诊断。目前,工业伺服控制领域比较成熟的实时通信协议有CAN总线协议、EtherCAT协议和PowerLink协议等。

**7)电源**

这里的电源指的是功率变换器所需要的直流电源。直流电源通常通过对单相或者三相交流电进行整流和滤波的方式获得。

# 1.1　电机驱动控制技术的发展

一百多年前,电动机的出现使其成为工业革命后的主要驱动力。它在各种机电系统中的应用大力推动了电机及其驱动控制技术的快速发展。其中,交流电动机具有结构简单、制造方便等优点,在高转速、高电压、大电流、大容量的场合具有良好的应用性能。功率变换器的出现进一步促进了交流电动机的速度和转矩控制的发展。此外,高精密传感器、控制器以及数字控制技术的不断进步,使得电机驱动具有较强的鲁棒性并且可以实现高精度的位置和速度控制,这令其在电气自动化、数控机床、自动化生产线、工业机器人,以及各种军、民用装备等领域获得了广泛应用。本节将对机电伺服控制系统中的交流电动机、功率变换器、传感器以及嵌入式控制器等主要部件的技术发展情况进行介绍。

## 1.1.1　交流电动机

　　相比于直流有刷电动机,交流电动机在结构上取消了机械电刷,因此,消除了因为机械换向而产生的电火花,具有更高的可靠性。此外,交流电动机还具有较高的气隙磁通密度、功率密度和力矩惯量比。交流电动机的上述优点,有助于提高机电伺服控制系统的控制性能。因此,在当前的机电伺服控制领域,交流电动机的应用占据了主导地位。

　　常用的三种类型的交流电动机包括感应电机(也称异步电机)、永磁同步电机和开关磁阻电机,如图 1-3 所示。从感应电机和永磁同步电机的结构图可以看出,电机主要由一个用以产生磁场的电磁铁绕组或分布的定子绕组和一个旋转电枢或转子组成。高性能、低成本的嵌入式控制器的出现,使得空间矢量控制方法广泛应用在交流电动机的伺服控制系统中。通过矢量控制方法可以将交流电动机的控制等效为直流有刷电机的控制,在提升伺服控制系统动态性能的同时,可降低电机力矩波动的影响。

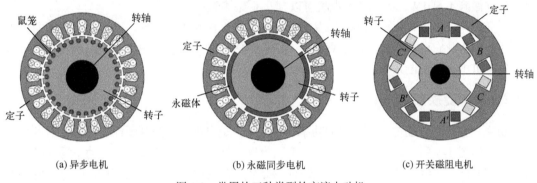

(a) 异步电机　　　　　　　　　(b) 永磁同步电机　　　　　　　(c) 开关磁阻电机

图 1-3　常用的三种类型的交流电动机

　　功率密度是交流电动机的重要性能参数,它的物理意义是指电机的输出功率与电机质量的比值(单位是 kW/kg)。电机的功率密度从 20 世纪初的 0.02kW/kg 发展到 1970 年的 0.15kW/kg,呈现"S 曲线"的增长走势。由于受到电机温升的限制,功率密度在当时稳定在 0.16kW/kg 左右。电机的平均使用寿命随温度变化的曲线如图 1-4 所示,如果温度限制在 200℃,预计平均使用寿命可达 80000h,温度决定了目前交流电动机的功率密度水平。

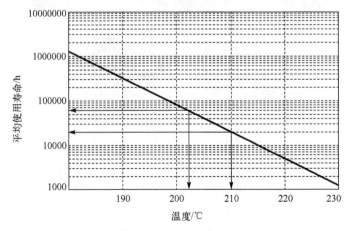

图 1-4　电机的平均使用寿命随温度变化的曲线

近年来，在发展高效磁性材料以降低涡流和磁滞损耗的同时，通过改进绝缘材料，使得交流电动机能够在更高的温度下获得更长的工作时间，极大地提高了交流电动机的性能。目前，交流电动机的功率密度可以达到(1.2～3.5)kW/kg。

对交流电动机的发展趋势做如下简单归纳。

(1) 高效率化：包括电机本体的高效率化和驱动系统的高效率化。电机本体的高效率化体现在对永磁体材料的改进和更好的磁铁结构安装设计；驱动系统的高效率化体现在加减速性能的优化、再生制动和能量反馈等方面。

(2) 一体化和集成化：电动机、反馈、控制和通信一体化集成是当前交流电动机发展的趋势，这种集成方式使得电动机的设计、制造、运行和维护更为紧密地融为一体。

(3) 专用化和多样化：利用磁性材料的不同性能、不同形状、不同表面黏接结构，满足特定应用场合的针对性定制设计要求。

(4) 小型化和大型化：交流电动机在功率方面朝着两极分化的趋势发展，小功率的电机功率可以做到不足 1W，大功率的电机可以到几兆瓦甚至几十兆瓦。

在交流电动机中，永磁同步电机具有良好的瞬态性能和机械特性，以及相对平滑的转矩控制性能，因此它比较适合应用于高精密的机电伺服控制系统。本书将以永磁同步电机为执行对象对机电伺服控制系统的设计进行介绍。

## 1.1.2　功率变换器

功率变换器是以弱电控制强电的功率转换接口，是电机驱动控制硬件装置中必不可少的一部分。如图 1-5 所示，工业上常见的功率变换器包括巨型晶体管(GTR)、功率场效应晶体管(MOSFET)、绝缘栅双极型晶体管(IGBT)和绝缘栅双极型门控晶闸管(IGCT)等。随着大功率半导体技术的发展和完善，功率变换器在电子工程的各个领域得到广泛的应用。随着对资源保护需求的不断提高，对功率变换器的生产成本和功耗也提出了更高的要求。因此，发展低成本和高效率的功率半导体器件对未来电机驱动的发展具有十分重要的意义。

图 1-5　塞米控公司的一系列功率变换器

随着半导体工艺技术的进步，功率变换器正不断向着高速低耗、高集成度微型化和高智能化的方向发展，因此出现了智能功率模块(Intelligent Power Module，IPM)。IPM 采用 IGBT 作为功率开关元件，IGBT 驱动功率小并且饱和压降低，非常适合应用于交流电机的驱动控制。此外，IPM 模块中含有三相逆变桥路，集成了过温、欠压、短路等故障保护电路，可以实现故障诊断、电路保护等多种功能，是一种经济实用的智能型功率集成器件。电机驱动的功率变换器使用范围分布如图 1-6 所示。可以看出，通过对功率半导体和半导体器件的并联与串联连接，几乎可以满足所有电机驱动功率的需要。

对功率变换器的未来总体发展方向做如下归纳。

(1)扩大功率模块的集成规模；

(2)降低半导体控制和开关时的损耗；

(3)扩展工作温度的范围；

(4)提高使用寿命、稳定性和可靠性；

(5)提高控制、监测和保护功能的集成；

(6)降低系统成本。

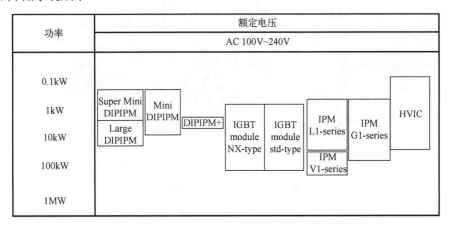

图 1-6　电机驱动的功率变换器使用范围分布

## 1.1.3　传感器

交流电动机的转矩闭环控制需要采集电机的三相正弦波电流作为反馈信号。电机相电流信号通常采用电流传感器进行检测，高性能的交流电机转矩控制对电流传感器提出了以下要求：①出色的精度；②良好的线性度；③低温漂；④高频带宽度；⑤强电流过载能力。瑞士莱姆公司的高精度电流传感器如图 1-7 所示，它们通过采用霍尔原理的闭环补偿传感器，能够实现对直流、交流、混合和脉冲等多种电流进行检测。此外，LEM 公司的高精度电流传感器的原边和副边是绝缘隔离的，具有抗外界干扰能力强的优点。

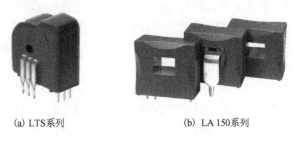

(a) LTS系列　　　　　　(b) LA 150系列

图 1-7　瑞士莱姆公司的高精度电流传感器

另外，高精度的位置传感器，可以为机电伺服控制系统提供高精度的速度和位置反馈信号，是实现高性能位置控制系统的重要基础。旋转变压器、磁性编码器和光电编码器是三种常见的位置传感器。旋转变压器的特点是通过改变控制电路，便可改变其分辨率。它本身坚固，适应环境能力强，同时有较强的抗振动冲击能力，但是也存在原理不易掌握、信号处理电路复杂等缺点。磁性编码器的特点是其适合用于高速运动场合的电机速度和位置检测，环境适应性较强，缺点主要体现在磁鼓的惯性大以及分辨率低。光电编码器的主要部件是圆光栅和读数头，根据是否能够检测转轴绝对位置，分为绝对式和增量式两种。可以实时检测转轴绝对位置的为绝对式光电编码器，它采用二进制的编码方式，编码位数越高，分辨率越高。增量式光电编码器因其自身检测原理，分辨率更加容易提高，但是无法输出转轴的绝对位置。图 1-8 所示为德国海德汉公司的密封式高精度位置编码器，该系列编码器能够适应高速度、高加速度的机电伺服控制系统，是高性能伺服控制系统的良好选择。

图 1-8　德国海德汉公司的密封式高精度位置编码器

对机电伺服控制系统传感器的发展方向做如下简单归纳。

(1) 提高传感器的可靠性和使用寿命；

(2) 提高传感器的重复精度和线性度；

(3) 提高传感器的速度和加速度响应带宽；

(4) 提高传感器对复杂使用环境的抗干扰能力；

(5) 降低传感器的成本。

## 1.1.4　嵌入式控制器

近年来，微型计算机和大规模集成电路得到了迅速发展，伺服控制系统也从模拟控制方式转换到数字控制方式，逐渐走向高频化和智能化。机电伺服控制系统中信号采集、处理和传输，控制算法计算，系统故障监测和保护等功能均由伺服控制器来完成。微处理器是控制模块的中心大脑，负责所有信息的传输和处理，它的性能基本可以代表控制器的性能。

在伺服控制领域中常用数字微处理器，其发展经历了从专用集成电路，到单片机，再到数字信号处理器(DSP)以及现场可编程门阵列(Field Programmable Gate Array，FPGA)几个阶段。目前，交流电机伺服控制系统普遍采用 DSP 作为控制芯片，设计相应的外围电路以完成对电机的控制。DSP 芯片的时钟频率高，CPU 运算速度快，同时具有独立的程序和数据空间，在对数字信号实时处理要求较高的场合可轻松地完成复杂控制算法。此外，DSP 芯片还集成了 A/D 转换模块、PWM 输出模块以及串口通信模块等，可以很方便地实现数据的采集和通信，降低了硬件驱动的复杂程度。目前，交流电机控制领域广泛使用的数字信号处理器(DSP)是美国德州仪器公司(简称：TI 公司)的定点式的 TMS320F2812、浮点式的 TMS320F28335

和 TMS320C28346，以及双核浮点式的 TMS320F28377 等。

随着对系统控制性能要求的提升，研究人员需要将更加复杂的控制策略应用到伺服控制系统中，要求更高的微型控制器采样速度，此时单独使用 DSP 作为嵌入式处理器，并不能很好地满足控制需求。FPGA 以其独有的快速并行计算的优点，为解决上述问题提供了良好的途径。FPGA 具有低功耗、开发周期短的特点，并且含有嵌入式内核，可满足研究人员多次重复编程的需求。因此，基于 DSP+FPGA 硬件架构的全数字化控制器是一个新的、可行的设计思路。图 1-9 所示为嵌入式数字控制器，DSP 和 FPGA 分工协作，高性能的 DSP 作为核心控制器，

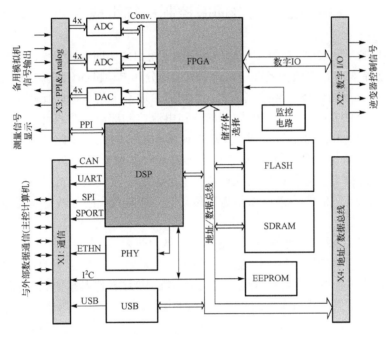

(a) 嵌入式数字控制器架构图

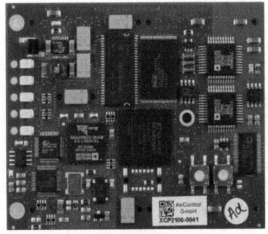

(b) 嵌入式数字控制器电路板

图 1-9　嵌入式数字控制器

完成复杂控制策略的计算和处理；而采样频率高、运算速度快、算法简单的控制部分则通过协控制器 FPGA 来处理，该架构在很多控制场合都得到了应用。

对机电伺服控制系统嵌入式控制器的发展方向做如下简单归纳。

(1)提高实现交流电机磁通和电流解耦控制的矢量算法的实时性；

(2)提高对复杂先进控制策略的实时性运算能力；

(3)提高对先进编程语言和图形化编程语言的通用性，缩短研发周期；

(4)降低系统成本。

## 1.2　机电伺服控制系统组成

从控制原理的角度来说，典型的机电伺服控制系统组成如图 1-10 所示，主要包括位置控制部分、速度控制部分、电流控制部分、功率放大部分、电动机部分和负载部分。

位置控制部分是指位置闭环控制回路，在回路中通常采用典型的比例位置控制器，实现对给定位置指令的精确跟踪；速度控制部分和电流控制部分作为内环控制回路，由速度控制器、电流控制器和滤波器等组成，实现对速度和电流的高精度闭环控制；功率放大部分通常采用基于脉宽调制(PWM)的功率放大器，PWM 的载波频率范围从几千赫兹到上百千赫兹；电动机部分可以是传统的直流电机，也可以是交流伺服电机；电动机和负载是伺服控制的目标对象，它们的连接可以是齿轮传动等间接连接，也可以是取消传动环节的直接连接。

在机电伺服控制系统中，运动控制问题可以归纳为两大类：点对点控制和轨迹连续控制，如图 1-11 所示。点对点控制是指伺服控制系统的位置调转控制，它强调的是到达时间和到达位置，在位置响应过程中不考虑位置运行的轨迹；轨迹连续控制是指伺服控制系统的位置跟踪控制，它关注的重点是从当前位置到下一位置的运行轨迹，在位置响应过程中需要实时严格控制电机和负载的运动速度与加速度。针对上述机电伺服控制系统中的运动控制问题，第 5 章和第 7 章将介绍相应的伺服控制策略设计方法。

## 1.3　机电伺服控制系统中常见的问题

为了更好地理解机电伺服控制系统的设计原理并提高系统的控制性能，本节将主要从以下几个方面讨论机电伺服控制系统设计需要解决的问题。

### 1)机电伺服控制系统的控制建模方法

系统的控制模型是伺服控制系统设计的基础，传统的伺服控制系统仿真和设计通常采用一阶刚体模型，这种简单的模型对于机械谐振频率较高的机械系统具有一定的参考作用。但是，一阶刚体模型在实际应用时忽略了系统的高频动态特性，对于机械谐振频率较低的系统来说，采用一阶刚体模型设计的伺服控制系统有可能是不稳定的。因此，对机电伺服控制系统进行有效的建模是伺服控制系统设计和优化的前提。针对上述问题，本书将在第 4 章介绍机电伺服控制系统的仿真建模方法和伺服控制系统的模型辨识方法。在此之前，本书第 2 章将首先介绍交流永磁同步电机的工作原理和基本控制方法，第 3 章将介绍永磁同步电机驱动控制硬件的设计方法。

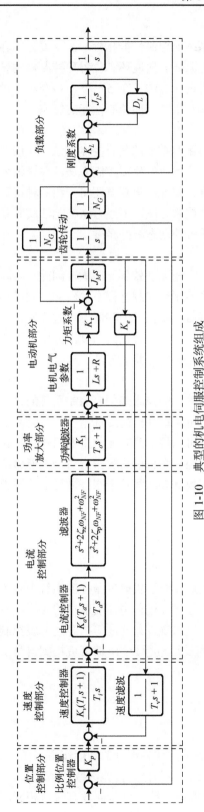

图 1-10 典型的机电伺服控制系统组成

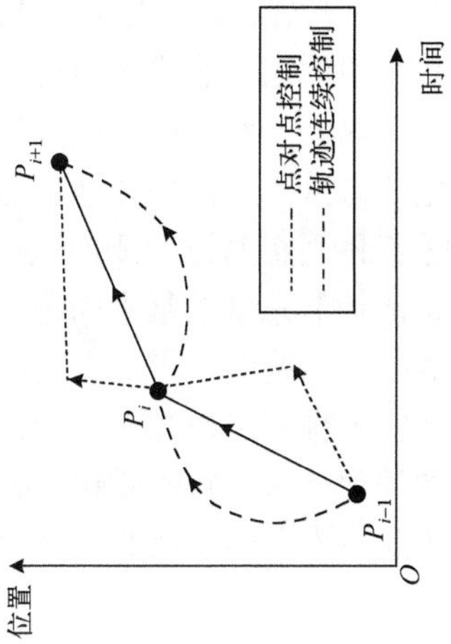

图 1-11 点对点控制和轨迹连续控制示意图

**2）机电伺服控制系统的控制策略设计**

在获得机电伺服控制系统的控制模型后，为了达到系统的控制性能指标，需要设计闭环回路控制策略。本书将在第 5 章介绍机电伺服控制系统电流环、速度环和位置环控制器的设计方法，以及对闭环控制性能具有重要影响的各种滤波器设计方法。在 5.4 节，将介绍一种提高伺服控制系统闭环控制效果的陷波器技术，并分析它对系统闭环控制性能的影响。

**3）机电伺服控制系统的性能优化方法**

本书在第 6 章将首先介绍提高机电伺服控制系统动态跟踪精度的复合控制方法，即前馈控制方法；其次将介绍提高机电伺服控制系统抗扰动能力的加速度反馈控制方法，并详细分析前馈控制和加速度反馈控制对机电伺服控制系统的影响。此外，第 6 章还将介绍两种特殊的前馈控制方法，即速度滞后补偿控制和加速度滞后补偿控制方法，上述方法在无法实时获得前馈速度和加速度的条件下可有效提高机电伺服控制系统的动态跟踪精度。

**4）机电伺服控制系统的饱和非线性问题**

在机电伺服控制系统中，驱动放大器功率和电机输出力矩无法做到无限大。因此，实际应用过程中需要对执行器件的输出进行限幅，从而造成系统闭环控制过程中输出的控制量存在饱和非线性问题。系统中的饱和非线性问题会导致控制器出现积分饱和问题，进而导致系统响应出现超调和振荡。因此，本书第 7 章将从控制器设计和指令修正的角度，分别介绍两种解决饱和非线性问题的方法，即抗积分饱和控制方法和位置指令修正方法。

**5）机电伺服控制系统的目标轨迹预测问题**

除了上述的机电伺服控制系统的基本问题，还有一类关于图像跟踪伺服控制系统的设计问题。在图像跟踪伺服控制系统中，为了实现对目标的稳定跟踪并提高跟踪精度，有时需要对目标的运动轨迹进行实时预测。通过对目标轨迹的预测可以解决两方面的重要问题：①探测系统本身存在的图像处理延时导致的脱靶量时间滞后问题；②目标短暂丢失后仍然能够继续预测跟踪的问题。因此，本书将在第 8 章介绍基于卡尔曼滤波法和基于跟踪微分器的两类典型的目标轨迹预测滤波技术。

## 1.4　小　　结

本章首先介绍了机电伺服控制系统的概念与组成，然后介绍了机电伺服控制系统中各个部分的功能和发展趋势，最后介绍了机电伺服控制系统实际设计过程中需要解决的问题。本章中机电伺服控制系统的概念和各组成部分功能，以及控制系统设计问题等内容是伺服控制系统设计的预备知识，这些知识在第 2～5 章中将会有针对性地进行介绍。读者应根据自身实际应用需求，有重点地进行学习和掌握。

## 复习思考题

1-1　机电伺服控制系统的主要组成部分有哪些？请具体阐述各部分的功能作用。

1-2　查阅并阐述典型的机电伺服控制系统的组成框图中各部分的传递函数的意义。

1-3　机电伺服控制系统设计需要解决的主要问题有哪些？针对这些问题有哪些相应的解决方法？

# 第 2 章   交流永磁同步电机及基本控制方法

交流永磁同步电机以其自身调速性能好、效率高、可靠性高等优点，在航空航天、新能源汽车、轨道交通、机器人以及光电跟踪等领域得到了广泛的应用。本章首先从结构特点、工作原理、数学模型以及基本控制方法(包括矢量控制方法、空间矢量脉宽调制方法)等方面对永磁同步电机进行全面的介绍，然后在此基础上，给出基于 MATLAB/Simulink 软件的永磁同步电机调速仿真系统的建模方法和仿真实例，为永磁同步电机在机电伺服控制系统中的应用奠定理论基础。

## 2.1   永磁同步电机的结构及特点

### 2.1.1   永磁同步电机的结构和工作原理

永磁同步电机主要由定子和转子两部分组成：定子部分主要包括定子铁心和三相绕组，其结构与普通的电励磁同步电机基本一致，它们在电机工作时处于静止状态；转子部分主要包括转子永磁体、转子铁心和转轴等，它们在电机工作时处于转动状态。永磁同步电机的三相绕组呈三相对称分布，相互之间相差 120°，如图 2-1 所示。转子部分用永磁体来替代传统的电励磁绕组，并取消了励磁线圈、滑环和机械电刷等换向装置，延长了电机的绝缘寿命并提高了其可靠性。电机转子永磁体形状不同，转子磁场的空间分布也不同，导致转子旋转时定子线圈中的反电动势会呈现出不同的波形。通常按照反电动势波形对永磁同步电机进行分类，将具有梯形波反电动势的电机称为无刷直流电机(Brushless Direct Current Motor，BLDCM)，具有正弦波反电动势的电机称为永磁同步电机(Permanent Magnet Synchronous Motor，PMSM)。本章以反电动势波形为正弦波的永磁同步电机为研究对象，介绍其结构特点以及基本控制方法。

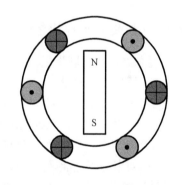

图 2-1   永磁同步电机三相绕组分布

永磁同步电机的工作原理是：当三相对称的交流电通入永磁同步电机时，电流从定子绕组中流过产生旋转磁场；转子永磁体磁极固定，由于磁极同性相斥、异性相吸，定子产生的旋转磁场就会带动转子运动；最终转子转速和旋转磁场转速相等，电机进入稳定运行状态。

根据转子结构不同，永磁同步电机具体可分为三类，包括表面式、内嵌式和内置式，如图 2-2 所示。三类永磁同步电机转子结构不同，转子磁路也不同，因此其制造工艺、控制方法、性能以及应用的场合也不尽相同。表面式永磁同步电机转子永磁体紧贴在转子铁心的外沿，这种转子结构便于对永磁体磁极进行优化设计，以实现气隙磁通密度波形趋于正弦分布。正弦分布的气隙结构能够有效减小磁场的谐波，进而改善电机的运行性能。表面式永磁同步电机的电感数值较低且与转子位置无关，$d$ 轴和 $q$ 轴电感基本相同。低电感能够提高电机对电流的响应速度，从而获得线性度较好的转矩电流。此外，表面式结构可以形成径向磁通，减小所需的转子直径，进而降低电机转子质量。因此，表面式永磁同步电机在工业上的应用最为广泛。内置式永磁同步电机内部转子磁路不对称，$d$ 轴和 $q$ 轴电感存在差异。通入相同的励磁电流，电机 $q$ 轴电枢的反应磁场要强于 $d$ 轴电枢。内置式结构的永磁同步电机能够充分利用不对称转子磁路产生的磁阻转矩，因而具有较高的功率密度。但是，内置式结构电机的漏磁系数较大，转子的制造成本略高于表面式结构的电机。内置式永磁同步电机永磁体呈条状放置在转子铁心内部，结构较为复杂。这种结构的电机气隙磁通密度很高，有利于生成大转矩，电感数值取决于转子位置。由于转子永磁体嵌入铁心内，永磁体被去磁时产生危险的可能性相对较小。这种电机制造工艺比较复杂，因此一般成本较高。

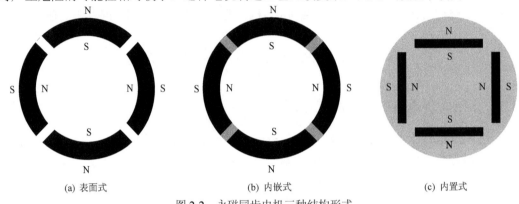

(a) 表面式　　　　　　(b) 内嵌式　　　　　　(c) 内置式

图 2-2　永磁同步电机三种结构形式

### 2.1.2　永磁同步电机的特点

经总结，永磁同步电机具有如下特点。

(1)体积小、质量轻。在容量相同的情况下，永磁同步电机要比异步电机小得多。体积和重量的减小，使得永磁同步电机在许多特殊场合都能得到良好的应用。

(2)功率因数大、能源利用率高。永磁同步电机不需要励磁电流，与异步电机相比，三相定子的铜耗较小，因而具有较高的功率因数。

(3)动态响应性能好。永磁同步电机的磁通密度高，同时转动惯量又相对较小，因此电机的转矩惯量比高，可获得较快的动态响应速度。

(4)可靠性高。永磁同步电机取消了机械电刷，避免了机械换向带来电火花和非线性力矩扰动的影响，运行更为可靠。

(5)转速同步性高、调速范围宽。对于要求多台电机同步运行的应用场合，永磁同步电机具有很大的优越性。

## 2.2　永磁同步电机的基本控制方法

### 2.2.1　永磁同步电机的数学模型

建立数学模型是实现永磁同步电机伺服控制的第一步，准确的数学模型可以较好地反映电机系统的静态和动态性能。三相永磁同步电机示意图如图 2-3 所示。定子三相绕组在圆形空间内呈对称分布，*A*、*B*、*C* 为各项绕组的首端，尾端流入首端流出定义为相电流的正方向。此时，各相绕组产生的磁场方向定义为该绕组轴线的正方向，将这三个正方向作为空间坐标轴的参考轴线正方向，便可建立在空间上静止不动的三相静止坐标系(即 *abc* 坐标系)。*a* 轴超前 *c* 轴 120°，*b* 轴超前 *a* 轴 120°。根据转子永磁体磁极轴线 *d* 轴以及与其垂直的 *q* 轴可确定一个同步旋转坐标系(即 *dq* 坐标系)。稳态运行时，*d* 轴和 *q* 轴在空间逆时针旋转，旋转角速度与三相输入电压频率一致。*d* 轴的正方向为磁极 N 的方向，*q* 轴超前 *d* 轴 90°。*d* 轴超前 *a* 轴的角度定义为电机的电角度 $\theta_e$。

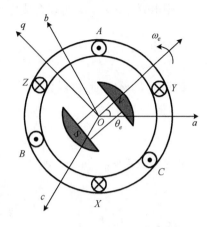

图 2-3　三相永磁同步电机示意图

描述永磁同步电机数学模型的方程包括电压方程、磁链方程、转矩方程以及运动方程等。由于永磁同步电机是一个存在多种耦合因素的非线性系统，为了简化分析，通常对电机作出如下假设：①三相绕组对称分布，转子永磁磁场在气隙空间呈正弦分布；②转子上无阻尼绕组；③忽略定子铁心饱和，认为磁路线性，电感数值不变；④忽略定子和转子铁心的涡流与磁滞损耗。下面介绍永磁同步电机在三相静止坐标系下的数学模型。

在三相静止坐标系下，电压方程表达式如下：

$$\begin{cases} u_a = R_s i_a + \dfrac{\mathrm{d}\psi_a}{\mathrm{d}t} \\[2mm] u_b = R_s i_b + \dfrac{\mathrm{d}\psi_b}{\mathrm{d}t} \\[2mm] u_c = R_s i_c + \dfrac{\mathrm{d}\psi_c}{\mathrm{d}t} \end{cases} \tag{2.1}$$

式中，$u_a$、$u_b$、$u_c$ 分别为三相电压；$R_s$ 为相电阻；$i_a$、$i_b$、$i_c$ 分别为三相电流；$\psi_a$、$\psi_b$、$\psi_c$ 分别为三相绕组磁链。

在三相静止坐标系下，磁链方程表达式如下：

$$\begin{bmatrix} \psi_a \\ \psi_b \\ \psi_c \end{bmatrix} = \begin{bmatrix} L_{aa} & M_{ab} & M_{ac} \\ M_{ba} & L_{bb} & M_{bc} \\ M_{ca} & M_{cb} & L_{cc} \end{bmatrix} \begin{bmatrix} i_a \\ i_b \\ i_c \end{bmatrix} + \begin{bmatrix} \psi_{fa} \\ \psi_{fb} \\ \psi_{fc} \end{bmatrix} \tag{2.2}$$

式中，$L_{aa}$、$L_{bb}$、$L_{cc}$ 分别为三相绕组自感；$M_{ab}$、$M_{ba}$、$M_{ac}$、$M_{ca}$、$M_{bc}$、$M_{cb}$ 分别为三相绕组之间互感，对于表面式永磁同步电机，三相绕组的自感和互感均为常值，与转子角度位置无关；$\psi_{fa}$、$\psi_{fb}$、$\psi_{fc}$ 分别为永磁体磁链在三个坐标轴上的分量，与定子电流无关。

永磁体磁链在三个坐标轴上的分量表达式如下：

$$\begin{bmatrix} \psi_{fa} \\ \psi_{fb} \\ \psi_{fc} \end{bmatrix} = \psi_f \begin{bmatrix} \sin\theta_e \\ \sin(\theta_e - 2\pi/3) \\ \sin(\theta_e + 2\pi/3) \end{bmatrix} \tag{2.3}$$

式中，$\psi_f$ 为永磁体磁链。

三相电流 $i_a$、$i_b$、$i_c$ 可以合成电流矢量 $\boldsymbol{i}_s$，表达式如下：

$$\boldsymbol{i}_s = \sqrt{\frac{2}{3}}\left(i_a + i_b e^{j\frac{2\pi}{3}} + i_c e^{j\frac{4\pi}{3}}\right) \tag{2.4}$$

磁链 $\psi_a$、$\psi_b$、$\psi_c$ 可以合成磁链矢量 $\boldsymbol{\psi}_s$，表达式如下：

$$\boldsymbol{\psi}_s = \sqrt{\frac{2}{3}}\left(\psi_a + \psi_b e^{j\frac{2\pi}{3}} + \psi_c e^{j\frac{4\pi}{3}}\right) \tag{2.5}$$

永磁体磁链 $\psi_{fa}$、$\psi_{fb}$、$\psi_{fc}$ 可以合成永磁体磁链矢量 $\boldsymbol{\psi}_f$，表达式如下：

$$\boldsymbol{\psi}_f = \sqrt{\frac{2}{3}}\left(\psi_{fa} + \psi_{fb} e^{j\frac{2\pi}{3}} + \psi_{fc} e^{j\frac{4\pi}{3}}\right) \tag{2.6}$$

综上可得磁链矢量方程：

$$\boldsymbol{\psi}_s = L_s \boldsymbol{i}_s + \boldsymbol{\psi}_f \tag{2.7}$$

式中，$L_s$ 为电感参数。

同理，可将式(2.1)表示为矢量方程：

$$\boldsymbol{u}_s = R\boldsymbol{i}_s + L_s \frac{d\boldsymbol{i}_s}{dt} + \frac{d\boldsymbol{\psi}_f}{dt} \tag{2.8}$$

永磁同步电机的三相反电动势表达式如下：

$$\begin{bmatrix} E_a \\ E_b \\ E_c \end{bmatrix} = -\omega_e \psi_f \begin{bmatrix} \sin\theta_e \\ \sin\left(\theta_e - \frac{2}{3}\pi\right) \\ \sin\left(\theta_e - \frac{4}{3}\pi\right) \end{bmatrix} \tag{2.9}$$

式中，$E_a$、$E_b$、$E_c$ 分别为三相定子的反电动势；$\omega_e$ 为电机的电角速度。

永磁同步电机的转矩方程表达式如下：

$$T_e = \frac{P}{2}\frac{\partial}{\partial \theta_m}(i_a\psi_a + i_b\psi_b + i_c\psi_c) \tag{2.10}$$

式中，$T_e$ 为电机电磁转矩；$P$ 为电机磁极对数；$\theta_m$ 为电机机械角度。

永磁同步电机的运动方程表达式如下：

$$\begin{cases} J\dfrac{d\omega_m}{dt} = T_e - T_d - B\omega_m \\ \dfrac{d\theta_m}{dt} = \omega_m \end{cases} \tag{2.11}$$

式中，$\omega_m$ 为电机的机械角速度；$J$ 为电机及负载的转动惯量；$T_d$ 为扰动转矩；$B$ 为电机轴的黏滞摩擦系数。由式(2.11)可以看出，电机的机械角速度和角位置的变化主要由电磁转矩来决定。

永磁同步电机的电角度、电角速度与机械角度、机械角速度的关系如下：

$$\begin{cases} \theta_e = P\theta_m \\ \omega_e = P\omega_m \end{cases} \tag{2.12}$$

上面所述的电压方程、磁链方程、转矩方程和运动方程共同构成了永磁同步电机在三相静止坐标系下的数学模型。

## 2.2.2　磁场定向矢量控制原理

根据永磁同步电机的数学模型可知，对电机的位置和转速的闭环控制最终是通过对转矩（电流）的控制来实现的。永磁同步电机的控制方法主要有两类：①直接转矩控制（Direct Torque Control，DTC）方法；②磁场定向矢量控制（Field Orientation Control，FOC）方法。直接转矩控制方法采用空间矢量的分析方法，在定子静止坐标系下，通过查询电压矢量表控制逆变器开关，实现对电机的定子磁链和转矩的独立控制。定子磁链和转矩的控制采用具有继电器特性的 Bang-Bang 控制，具有较高的动态响应性能。这种控制方法省去了复杂数学模型简化以及矢量变换等处理过程，但是会带来较大的磁链和转矩脉动问题，影响控制的平稳性。目前，对于永磁同步电机的控制多采用磁场定向矢量控制方法，本节将着重介绍磁场定向矢量控制方法。

矢量控制的基本概念于 1968 年首次提出，1971 年"感应电机磁场定向控制原理"和"感应电机定子电压的坐标变换控制"等理论的提出，进一步促进了矢量控制方法的发展。经过几代科研人员的研究和完善，形成了现有的永磁同步电机矢量控制变频调速方法。矢量控制的本质是模拟直流电机转矩的控制方式，利用坐标变换在同步旋转坐标系中将定子电流分解为相互垂直的励磁电流分量和转矩电流分量，然后分别对其进行调节，从而实现对转矩的控制。

矢量控制的核心是坐标变换，由于电机定子中的电流、电压、反电动势均是随转子位置变化的交流量，因此需要借助坐标变换实现交流量和直流量之间的相互转换。永磁同步电机矢量控制的坐标系如图 2-4 所示，共有三个坐标系，分别为 abc 三相静止坐标系、αβ 两相静止坐标系、dq 同步旋转坐标系。在永磁同步电机内部，气隙磁场是电磁能量进行传递的媒介，定子和转子之间的能量通过气隙磁场进行传递。因此，可通过总磁动势不变的原则实现坐标系之间的转换，主要包括 Clarke 变换、Park 变换和 Park 逆变换。

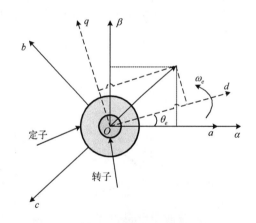

图 2-4　永磁同步电机矢量控制坐标系

Clarke 变换实现从三相静止坐标系（abc）到两相静止坐标系（αβ）的转换，如图 2-5 所示，坐标变换表达式如下：

$$\begin{bmatrix} f_\alpha \\ f_\beta \end{bmatrix} = \frac{2}{3} \begin{bmatrix} 1 & -\dfrac{1}{2} & -\dfrac{1}{2} \\ 0 & \dfrac{\sqrt{3}}{2} & -\dfrac{\sqrt{3}}{2} \end{bmatrix} \begin{bmatrix} f_a \\ f_b \\ f_c \end{bmatrix} \tag{2.13}$$

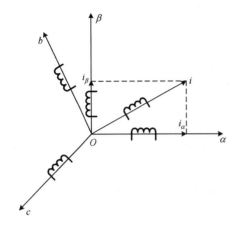

图 2-5 Clarke 变换

式中，$f$ 代表电机的电流、电压、磁链等变量。

Park 变换实现从两相静止坐标系 $(\alpha\beta)$ 到同步旋转坐标系 $(dq)$ 的转换，如图 2-6 所示，坐标变换表达式如下：

$$\begin{bmatrix} f_d \\ f_q \end{bmatrix} = \begin{bmatrix} \cos\theta_e & \sin\theta_e \\ -\sin\theta_e & \cos\theta_e \end{bmatrix}\begin{bmatrix} f_\alpha \\ f_\beta \end{bmatrix} \tag{2.14}$$

Park 逆变换实现从同步旋转坐标系 $(dq)$ 到两相静止坐标系 $(\alpha\beta)$ 的转换，坐标变换表达式如下：

$$\begin{bmatrix} f_\alpha \\ f_\beta \end{bmatrix} = \begin{bmatrix} \cos\theta_e & -\sin\theta_e \\ \sin\theta_e & \cos\theta_e \end{bmatrix}\begin{bmatrix} f_d \\ f_q \end{bmatrix} \tag{2.15}$$

坐标变换的直观效果如图 2-7 所示。

下面介绍永磁同步电机在同步旋转坐标系下的数学模型。

在同步旋转坐标系下，电压方程表达式如下：

$$\begin{cases} u_d = R_s i_d + \dfrac{\mathrm{d}\psi_d}{\mathrm{d}t} - \psi_q \omega_e \\ u_q = R_s i_q + \dfrac{\mathrm{d}\psi_q}{\mathrm{d}t} + \psi_d \omega_e \end{cases} \tag{2.16}$$

式中，$u_d$、$u_q$ 分别为 $d$ 轴和 $q$ 轴电压；$i_d$、$i_q$ 分别为 $d$ 轴和 $q$ 轴电流；$\psi_d$、$\psi_q$ 分别为 $d$ 轴和 $q$ 轴磁链。

在同步旋转坐标系下，磁链方程表达式如下：

$$\begin{cases} \psi_d = L_d i_d + \psi_f \\ \psi_d = L_q i_q \end{cases} \tag{2.17}$$

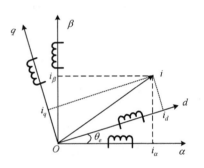

图 2-6 Park 变换

式中，$L_d$、$L_q$ 分别为 $d$ 轴和 $q$ 轴电感。

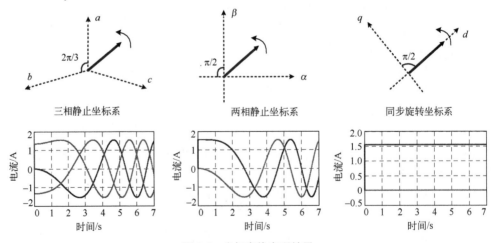

图 2-7 坐标变换直观效果

将式(2.17)代入式(2.16)可得

$$\begin{cases} u_d = R_s i_d + L_d \dfrac{\mathrm{d}i_d}{\mathrm{d}t} - L_q i_q \omega_e \\ u_q = R_s i_q + L_q \dfrac{\mathrm{d}i_q}{\mathrm{d}t} + (L_d i_d + \psi_f)\omega_e \end{cases} \tag{2.18}$$

一般情况下，定子磁链 $\psi_f$ 满足如下表达式：

$$\begin{cases} \psi_f = \sqrt{\psi_\alpha{}^2 + \psi_\beta{}^2} \\ \theta_\psi = \arctan(\psi_\beta / \psi_\alpha) \end{cases} \tag{2.19}$$

式中，两相静止坐标系的磁链 $\psi_\alpha$、$\psi_\beta$ 可由如下公式计算：

$$\begin{cases} \psi_\alpha = \int (u_\alpha - R_s i_\alpha)\mathrm{d}t \\ \psi_\beta = \int (u_\beta - R_s i_\beta)\mathrm{d}t \end{cases} \tag{2.20}$$

其中，$u_\alpha$、$u_\beta$ 分别为两相静止坐标系下的定子电压；$i_\alpha$、$i_\beta$ 分别两相静止坐标系下的定子电流。

在同步旋转坐标系下，转矩方程表达式如下：

$$T_e = \frac{3}{2} P(\psi_d i_q - \psi_q i_d) = \frac{3}{2} P[\psi_f i_q + (L_d - L_q)i_d i_q] \tag{2.21}$$

对于表面式永磁同步电机来说，满足 $L_d = L_q = L$ 的条件，转矩方程表达式如下：

$$T_e = \frac{3}{2} P\psi_f i_q \tag{2.22}$$

综上，可得表面式永磁同步电机系统的状态方程：

$$\begin{bmatrix} \dfrac{\mathrm{d}i_d}{\mathrm{d}t} \\ \dfrac{\mathrm{d}i_q}{\mathrm{d}t} \\ \dfrac{\mathrm{d}\omega_m}{\mathrm{d}t} \end{bmatrix} = \begin{bmatrix} -\dfrac{R_s}{L} & P\omega_m & 0 \\ -P\omega_m & -\dfrac{R_s}{L} & -P\dfrac{\psi_f}{L} \\ 0 & \dfrac{3P\psi_f}{2J} & 0 \end{bmatrix} \begin{bmatrix} i_d \\ i_q \\ \omega_m \end{bmatrix} + \begin{bmatrix} \dfrac{u_d}{L} \\ \dfrac{u_q}{L} \\ -\dfrac{T_d}{J} \end{bmatrix} \tag{2.23}$$

由式(2.23)可以看出，永磁同步电机系统是一个多变量、非线性、强耦合的复杂系统。电机 $d$ 轴和 $q$ 轴电流相互耦合，不能简单地通过施加电枢电流来实现电机的电流控制。需要采用矢量控制方法实现电机电流的解耦，进而将永磁同步电机的控制简化为类似直流电机的控制，以提高永磁同步电机的控制精度。

基于矢量控制原理的永磁同步电机控制方法有 $i_d = 0$ 矢量控制方法、最大转矩电流比控制方法、最大输出功率控制方法等。上述方法各有特点，适用于不同的应用场合。$i_d = 0$ 矢量控制方法结构简单，易于工程实现，是目前交流永磁同步电机广泛使用的控制方法。采用

$i_d = 0$ 矢量控制方法时,定子电流中只有交轴(q 轴)电流分量,实现了定子磁动势矢量和永磁体磁动势矢量呈 90° 正交;电机电磁转矩中只有永磁转矩分量,实现了 d、q 轴电流的解耦。由电机的转矩方程可知,电机的力矩与电流呈线性关系,因此实现了 q 轴电流对电机输出转矩的控制唯一性。对于表面式永磁同步电机来说,采用 $i_d = 0$ 矢量控制方法可以达到用最小的电流输出最大的力矩的目的,降低了铜耗,具有良好的运行效率和调速性能。这种方法也存在一个缺点,主要体现在随着电机输出转矩逐渐增大,漏感压降增大,功率因数会降低。

基于 $i_d = 0$ 矢量控制原理的永磁同步电机控制结构框图如图 2-8 所示,主要由以下几个部分组成:位置环控制器、速度环控制器、电流环控制器、坐标变换、位置和速度检测、SVPWM 变换、永磁同步电机、逆变器、电流传感器等。永磁同步电机的控制结构一般采用位置环、速度环和电流环由外到内的三环控制模式。位置环控制器主要完成位置的精确定点和跟踪,它接收来自位置参考指令与编码器信号的偏差值,然后根据偏差值进行位置控制算法的运算,输出速度环控制器的参考指令。当出现较大的位置偏差时,位置环控制器产生较大速度指令,驱动电机以较高的速度运行;随着位置偏差的减小,速度参考值也减小,电机缓慢运动到指定位置并停止。速度环控制器作为串级控制的内环,主要作用是增强控制系统的抗扰动能力,实现控制系统的稳定跟踪,其输入为速度参考指令与反馈速度信号的偏差,输出为电流环控制器的参考指令,控制电机加减速或者匀速,实现平稳调速。电流环控制器的作用是使电机电流快速、无静差地跟随电流参考值,电流环由 d 轴控制器和 q 轴控制器组成,编码器实时检测电机的角度位置,电流传感器实时检测电机的相电流,控制器以电流值和电角度值为依据进行 Clarke 变换与 Park 变换,实现电流闭环校正。电流控制器输出控制信号,再进行 Park 逆变换,经空间矢量脉宽调制(SVPWM)产生逆变器驱动信号,最终实现磁场和电流的正交控制。

永磁同步电机矢量控制的具体过程为:位置环控制器根据位置偏差值输出速度参考指令 $\omega_r$;速度环控制器根据编码器检测的电机转速进行速度调节,输出电流参考信号 $i_q^*$;检测到的电机相电流 $i_a$、$i_b$ 经过 Clarke 变换和 Park 变换,得到 d 轴和 q 轴电流 $i_d$、$i_q$;电流环控制器将电流给定与实际值进行比较,输出直轴和交轴电压 $u_d$、$u_q$;再经过 Park 逆变换得到两相静止坐标系电压 $u_\alpha$、$u_\beta$;从而 $u_\alpha$、$u_\beta$ 作为输入经过 SVPWM 变换输出功率驱动信号,产生电机的三相定子电流,控制电机按指令旋转运行。永磁同步电机的稳态矢量示意图如图 2-9 所示,电机稳速运行时,在同步旋转坐标系下的所有量均为恒定直流量。

在永磁同步电机矢量控制过程中的坐标变换如图 2-10 所示,从电流变换的角度来说是交流→直流→交流的转换过程,从坐标系变换的角度来说是静止坐标系→同步旋转坐标系→静止坐标系的转换过程。首先,通过 Clarke 变换将三相静止坐标系中的物理量转换到两相静止坐标系中,再通过 Park 变换转换到同步旋转坐标系中;在同步旋转坐标系中实现转矩电流分量和励磁电流分量的解耦,并分别对其进行校正计算。然后,通过 Park 逆变换将同步旋转坐标系中的直流分量转换为两相静止坐标系中的交流分量。两相静止坐标系中的交流分量再经过脉宽调制,驱动功率器件开关实现对电机的旋转控制。

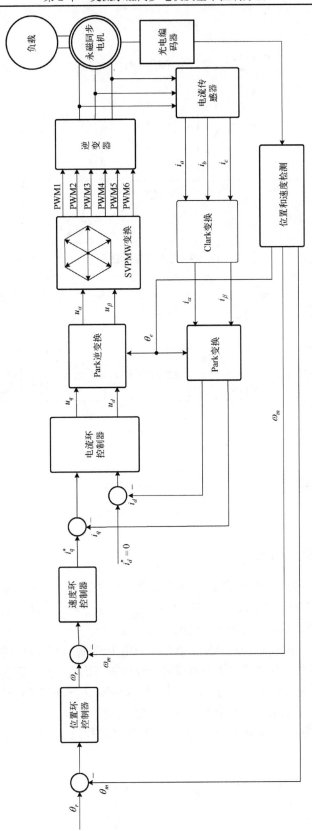

图 2-8　基于 $i_d=0$ 矢量控制原理的永磁同步电机控制结构框图

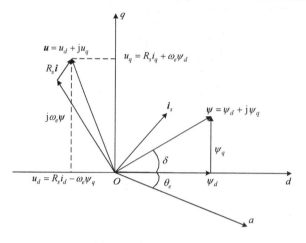

图 2-9　稳态矢量示意图

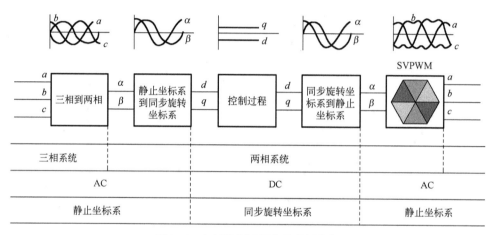

图 2-10　矢量控制过程中的坐标变换

### 2.2.3　空间矢量脉宽调制方法

在永磁同步电机的驱动控制领域中，应用较为广泛的脉宽调制方法是空间矢量脉宽调制（Space Vector Pulse Width Modulation，SVPWM）方法。SVPWM 方法以电机定子磁链跟踪思想为基础，通过控制逆变器开关切换，使电机获得幅值恒定的圆形旋转磁场。SVPWM 方法将逆变器和电机放在一起作为调制对象，通过不同电压矢量组合构成调制信号，按一定的顺序开关逆变器功率器件，在电机定子中形成失真较小的正弦波电流。该方法在降低磁链抖动的同时，可以有效提高母线电压利用率。与常规的 SPWM 方法相比较，SVPWM 方法提高了电源的利用率，降低了电机电流的畸形，可输出更平滑的电磁转矩。

下面详细介绍空间矢量脉宽调制方法实现的原理和过程。定义空间电压矢量表达式如下：

$$U = \frac{2}{3}\left[ u_a + u_b \mathrm{e}^{\mathrm{j}\frac{2\pi}{3}} + u_c \mathrm{e}^{\mathrm{j}\frac{4\pi}{3}} \right] = u_\alpha + \mathrm{j}u_\beta \tag{2.24}$$

　　当定子的三相电压为对称正弦电压时，上述空间电压
矢量的运动轨迹如图 2-11 所示。空间电压矢量的运动速度
与相电压的频率相同，形成一个圆形运动轨迹。根据空间
电压矢量变换的可逆性可知，若空间电压矢量幅值不变且
相角连续变化形成圆形运动轨迹，即圆形定子磁链，那么
电机三相电压波形就为正弦波。通过交替开关逆变器的功
率器件输出电压矢量，可以实现引导定子磁链运动形成圆
形轨迹，这就是空间矢量脉宽调制的基本思路。

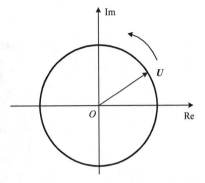

图 2-11　空间电压矢量运动轨迹

　　在交流伺服控制系统中，典型的电压源三相逆变器
结构如图 2-12 所示，基于该图介绍标准空间矢量脉宽调
制过程。逆变器各个桥臂上的半导体功率器件的开关状态决定了电机各相电压的大小，定义
$g_a$、$g_a'$、$g_b$、$g_b'$、$g_c$、$g_c'$ 分别代表三相桥臂上 6 个功率器件的开关状态，"1"表示半导
体功率器件导通，"0"表示半导体功率器件关闭。每个逆变器的上侧和下侧两个半导体功率
器件均以互补模式工作，同一个桥臂上的两个功率器件不可同时导通，因此每个桥臂只选择
一个功率器件的开关状态就可描述整个逆变器的工作状态。

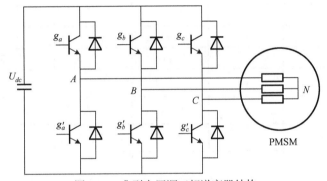

图 2-12　典型电压源三相逆变器结构

　　逆变器在每个调制周期有 8 种开关状态，即 000、001、011、010、110、100、101、111，
对应 8 个基本空间电压矢量，如图 2-13 所示。其中，000 和 111 为两个零电压矢量，其余 6 个为
非零基本空间电压矢量。8 个基本空间电压矢量将复平面分割成了 6 块区域，其称为扇区。

　　电机侧的电压与逆变器开关状态之间的关系如下：

$$\begin{cases} u_{AN} = \dfrac{U_{dc}}{3}(2g_a - g_b - g_c) \\[2mm] u_{BN} = \dfrac{U_{dc}}{3}(2g_b - g_a - g_c) \\[2mm] u_{CN} = \dfrac{U_{dc}}{3}(2g_c - g_a - g_b) \end{cases} \tag{2.25}$$

　　将 8 种开关状态代入式(2.25)，可得电机侧电压和输出的空间电压矢量 $\boldsymbol{U}_s$，见表 2-1。
标准的空间矢量脉宽调制是基于平均值等效原理，在一个调制周期内利用调制算法对基本空
间电压矢量进行组合，产生对应的开关状态和开关作用时间，最后输出与参考电压矢量在时
间上的积分量相等的电压矢量。

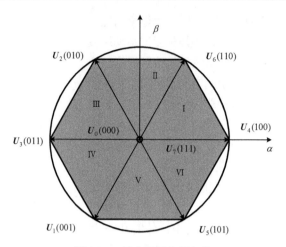

图 2-13　基本空间电压矢量

**表 2-1　开关状态与电压的关系**

| 开关状态 | | | $u_{AN}$ | $u_{BN}$ | $u_{CN}$ | $U_s$ |
|---|---|---|---|---|---|---|
| $g_a$ | $g_b$ | $g_c$ | | | | |
| 0 | 0 | 0 | 0 | 0 | 0 | 0 |
| 1 | 0 | 0 | $2U_{dc}/3$ | $-U_{dc}/3$ | $-U_{dc}/3$ | $2U_{dc}/3$ |
| 0 | 1 | 0 | $-U_{dc}/3$ | $2U_{dc}/3$ | $-U_{dc}/3$ | $2U_{dc}/3e^{j\frac{2\pi}{3}}$ |
| 1 | 1 | 0 | $U_{dc}/3$ | $U_{dc}/3$ | $-2U_{dc}/3$ | $2U_{dc}/3e^{j\frac{\pi}{3}}$ |
| 0 | 0 | 1 | $-U_{dc}/3$ | $-U_{dc}/3$ | $2U_{dc}/3$ | $2U_{dc}/3e^{j\frac{4\pi}{3}}$ |
| 1 | 0 | 1 | $U_{dc}/3$ | $-2U_{dc}/3$ | $U_{dc}/3$ | $2U_{dc}/3e^{j\frac{5\pi}{3}}$ |
| 0 | 1 | 1 | $-2U_{dc}/3$ | $U_{dc}/3$ | $U_{dc}/3$ | $2U_{dc}/3e^{j\pi}$ |
| 1 | 1 | 1 | 0 | 0 | 0 | 0 |

任意时间和位置的空间电压矢量 $U_s$ 均可以表示为该区域相邻两个非零空间基本电压矢量以及零电压矢量在时间上的组合。以第 I 扇区为例，如图 2-14 所示，有非零空间基本电压矢量为 $U_4(100)$、$U_6(110)$ 以及零电压矢量，该扇区任意位置的空间电压矢量 $U_s$ 可表示为

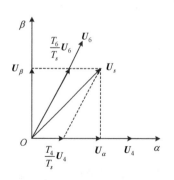

图 2-14　空间电压矢量合成图

$$\begin{cases} U_s = \dfrac{T_4}{T_s}U_4 + \dfrac{T_6}{T_s}U_6 + \dfrac{T_0}{2T_s}U_0 + \dfrac{T_0}{2T_s}U_7 \\ T_s = T_4 + T_6 + T_0 \end{cases} \quad (2.26)$$

式中，$T_s$ 为调制周期；$T_4$、$T_6$、$T_0$ 分别为 $U_4$、$U_6$ 和零电压矢量的作用时间。

由两相静止坐标系中的参考定子电压 $u_\alpha$、$u_\beta$，可以计算出电压矢量的作用时间 $T_4$、$T_6$：

$$\begin{cases} T_4 = \dfrac{T_s}{2U_{dc}}(3u_{\alpha\mathrm{ref}} - \sqrt{3}u_{\beta\mathrm{ref}}) \\[3mm] T_6 = \sqrt{3}\dfrac{T_s}{U_{dc}}u_{\beta\mathrm{ref}} \end{cases} \tag{2.27}$$

由上述分析可知，要实现空间矢量脉宽调制，首先需要知道参考电压矢量所在位置，其次利用与其所在位置相邻的基本空间电压矢量合成一个空间电压矢量。

空间矢量脉宽调制实现的步骤具体如下。

**1）参考电压矢量扇区号判断**

判断参考电压矢量所在扇区，以确定当前调制周期使用的基本空间电压矢量。

利用 Clarke 逆变换得到三相电压 $u_a$、$u_b$、$u_c$：

$$\begin{cases} u_a = u_{\beta\mathrm{ref}} \\[3mm] u_b = \dfrac{1}{2}(\sqrt{3}u_{\alpha\mathrm{ref}} - u_{\beta\mathrm{ref}}) \\[3mm] u_c = \dfrac{1}{2}(-\sqrt{3}u_{\alpha\mathrm{ref}} - u_{\beta\mathrm{ref}}) \end{cases} \tag{2.28}$$

定义变量 $N$ 表达式如下：

$$N = A + 2B + 4C \tag{2.29}$$

式（2.29）中的 $A$、$B$、$C$ 根据如下规则取值：

若 $u_a > 0$，则 $A = 1$，否则 $A = 0$；

若 $u_b > 0$，则 $B = 1$，否则 $B = 0$；

若 $u_c > 0$，则 $C = 1$，否则 $C = 0$。

参考电压矢量所在扇区与变量 $N$ 的关系见表 2-2。

表 2-2　扇区选择表

| $N$ | 1 | 2 | 3 | 4 | 5 | 6 |
|---|---|---|---|---|---|---|
| 扇区号 | Ⅱ | Ⅳ | Ⅰ | Ⅳ | Ⅲ | Ⅴ |

**2）计算基本空间电压矢量的作用时间**

定义中间变量 $X$、$Y$、$Z$，表达式如下：

$$\begin{cases} X = \sqrt{3}\dfrac{T_s}{U_{dc}}u_{\beta\mathrm{ref}} \\[3mm] Y = \dfrac{T_s}{2U_{dc}}(\sqrt{3}u_{\beta\mathrm{ref}} + 3u_{\alpha\mathrm{ref}}) \\[3mm] Z = \dfrac{T_s}{2U_{dc}}(\sqrt{3}u_{\beta\mathrm{ref}} - 3u_{\alpha\mathrm{ref}}) \end{cases} \tag{2.30}$$

不同扇区中，两个基本空间电压矢量的作用时间计算见表 2-3。

表2-3　基本空间电压矢量作用时间

| $N$ | 1 | 2 | 3 | 4 | 5 | 6 |
|---|---|---|---|---|---|---|
| $T_4$ | $Z$ | $Y$ | $-Z$ | $-X$ | $X$ | $-Y$ |
| $T_6$ | $Y$ | $-X$ | $X$ | $Z$ | $-Y$ | $-Z$ |

一般情况下 $T_4+T_6 \leqslant T_s$，剩余的时间平均分配给两个零电压矢量，零电压矢量的作用不影响逆变器最后输出电压矢量的积分数值。若计算过程中出现 $T_4+T_6 > T_s$ 的情况，对作用时间按如下方式进行过调制处理：

$$\begin{cases} T_4 = \dfrac{T_4}{T_4+T_6}T_s \\ T_6 = \dfrac{T_6}{T_4+T_6}T_s \end{cases} \tag{2.31}$$

**3）计算逆变器开关切换时间**

由电压矢量的作用时间计算逆变器的开关切换时间，定义中间变量 $t_{aon}$、$t_{bon}$、$t_{con}$，表达式如下：

$$\begin{cases} t_{aon} = \dfrac{T_s - T_4 - T_6}{4} \\ t_{bon} = t_{aon} + \dfrac{T_4}{2} \\ t_{con} = t_{bon} + \dfrac{T_6}{2} \end{cases} \tag{2.32}$$

定义三个桥臂不同扇区开关切换时间分别为 $T_{sw1}$、$T_{sw2}$、$T_{sw3}$，具体取值见表2-4。

表2-4　逆变器开关切换时间表

| $N$ | 1 | 2 | 3 | 4 | 5 | 6 |
|---|---|---|---|---|---|---|
| $T_{sw1}$ | $t_{bon}$ | $t_{aon}$ | $t_{aon}$ | $t_{con}$ | $t_{con}$ | $t_{bon}$ |
| $T_{sw2}$ | $t_{aon}$ | $t_{con}$ | $t_{bon}$ | $t_{bon}$ | $t_{aon}$ | $t_{con}$ |
| $T_{sw3}$ | $t_{con}$ | $t_{bon}$ | $t_{con}$ | $t_{aon}$ | $t_{bon}$ | $t_{aon}$ |

**4）脉宽调制波输出**

各扇区电压矢量对应的开关切换时间点与三角波载波信号进行比较，产生 PWM 信号，控制逆变器开关。脉宽调制波输出示意图如图2-15所示，脉宽调制信号对称性越好，逆变器输出的电压谐波就越少。

在电机正常运行时，通过 SVPWM 方法合成空间电压矢量，电压矢量形成一个旋转速度和输入电压频率相同的圆形旋转磁链，通过逆变器开关驱动电机旋转，以此达到弱电控制强电的目的。

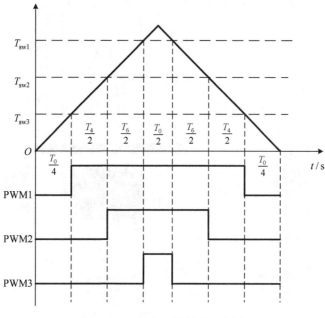

图 2-15　脉宽调制波输出示意图

## 2.3　永磁同步电机调速系统仿真

### 2.3.1　永磁同步电机的 Simulink 仿真方法

本节采用 MATLAB/Simulink 仿真软件对永磁同步电机的调速系统进行仿真建模,验证矢量控制方法和空间矢量脉宽调制方法的有效性,并进行速度闭环控制分析。

基于 Simulink 对永磁同步电机进行建模有三种方法,包括使用 S 函数构造模型、使用 Simulink 提供的模型,以及使用 Library 库中的子模块进行组合的方法。本节将综合使用上述三种方法,构建永磁同步电机调速系统的仿真模型,如图 2-16 所示。仿真模型中采用基于 $i_d = 0$ 的矢量控制方法和空间矢量脉宽调制方法对永磁同步电机进行驱动控制,并采用电流内环和速度外环的双闭环串级控制结构实现永磁同步电机速度闭环控制。仿真模型具体包括永磁同步电机模块、空间矢量脉宽调制模块、逆变器模块、坐标变换模块以及控制器模块等。

#### 1) 永磁同步电机模块

使用 Simulink 库中 SimPowerSystems/Machines 子目录下自带的永磁同步电机模块,如图 2-17 所示。该模块为正弦波永磁同步电机(PMSM),且模型基于 $dq$ 同步旋转坐标系,定子绕组在内部为星形连接。

该模块共有四项输入,其中 A、B、C 分别为电机的三相接线端,Tm 为负载扰动转矩。模块输出只有一个,即 m,m 具体包含 6 个输出:定子三相电流(单位 A)、$dq$ 轴电流(单位 A)、$dq$ 轴电压(单位 V)、机械角度(单位 rad)、机械角速度(单位 rad/s)和电磁转矩(单位 N·m)。

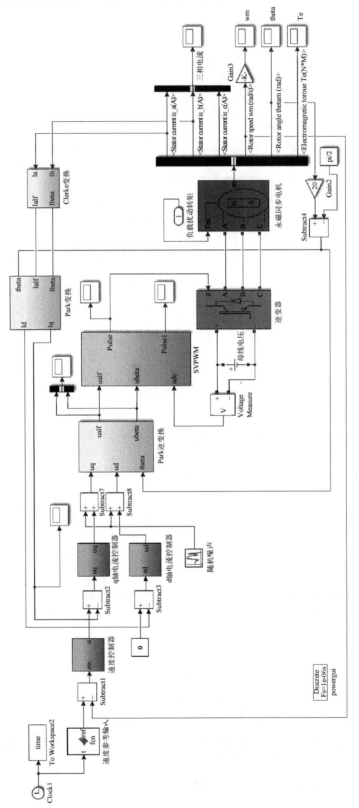

图 2-16　永磁同步电机调速系统仿真模型

双击该模块可以对永磁同步电机的相关参数进行设置。
Configuration 标签下可以设置电机相数、反电动势波形、转子类
型、机械输入方式等参数，如图 2-18(a)所示；Parameters 标签
下可以设置电机定子电阻、定子电感、磁链/电压常数/转矩常数、
转动惯量、阻尼系数、磁极对数、摩擦系数以及电机初始状态
等参数，如图 2-18(b)所示。

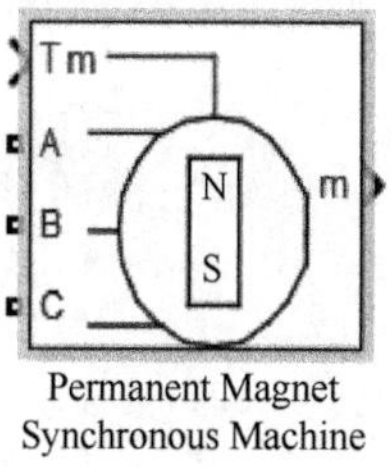

**2）空间矢量脉宽调制模块**

空间矢量脉宽调制模块如图 2-19 所示，使用 MATLAB
Function 编写 SVPWM 的主调制算法，模块输入为 $\alpha$、$\beta$ 相电压 $u_\alpha$、$u_\beta$，调制周期 $T_s$，三
角波载波 Wave，母线电压 $U_{dc}$；模块输出 Pulse 为 PWM 信号。

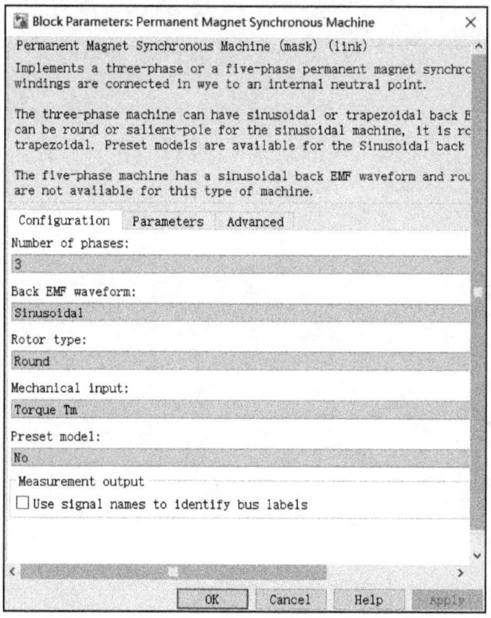

图 2-17　永磁同步电机模块

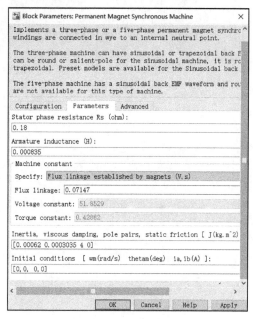

(a) Configuration 标签界面　　　　　　　(b) Parameters 标签界面

图 2-18　电机参数设置

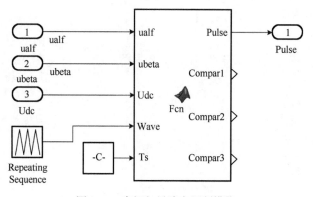

图 2-19　空间矢量脉宽调制模块

实现 SVPWM 的算法编写具体如下。

```
function [Pulse] = fcn(ualf,ubeta,Udc,Wave,Ts)
u0 = [0 1 0 1 0 1];  %u0=[0 0 0]
u1 = [1 0 0 1 0 1];  %u1=[1 0 0]
u2 = [1 0 1 0 0 1];  %u2=[1 1 0]
u3 = [0 1 1 0 0 1];  %u3=[0 1 0]
u4 = [0 1 1 0 1 0];  %u4=[0 1 1]
u5 = [0 1 0 1 1 0];  %u5=[0 0 1]
u6 = [1 0 0 1 1 0];  %u6=[1 0 1]
u7 = [1 0 1 0 1 0];  %u7=[1 1 1]
% 判断扇区号
ua = ubeta;
ub = 0.5*(sqrt(3)*ualf-ubeta);
uc = 0.5*(-sqrt(3)*ualf-ubeta);
X = sqrt(3)*Ts/Udc*ubeta;
Y = Ts/(2*Udc)*(3*ualf+sqrt(3)*ubeta);
Z = Ts/(2*Udc)*(-3*ualf+sqrt(3)*ubeta);
if ua>0
    A = 1;
else
    A = 0;
end
if ub>0
    B = 1;
else
    B = 0;
end
if uc>0
    C = 1;
else
    C = 0;
end
Sector = A+2*B+4*C;
% 确定作用时间
if  Sector==3
    Ua = u1;
    Ub = u2;
    t1 = -Z;
    t2 = X;
else if Sector==1
    Ua = u2;
    Ub = u3;
    t1 = Z;
    t2 = Y;
else if Sector==5
    Ua = u3;
```

```
      Ub = u4;
      t1 = X;
      t2 = -Y;
   else if Sector==4
      Ua = u4;
      Ub = u5;
      t1 = -X;
      t2 = Z;
   else if Sector==6
      Ua = u5;
      Ub = u6;
      t1 = -Y;
      t2 = -Z;
   else
      Ua = u6;
      Ub = u1;
      t1 = Y;
      t2 = -X;
   end
   if (t1+t2)>Ts
      t1 = t1*Ts/(t1+t2);
      t2 = t2*Ts/(t1+t2);
   end
   % 计算逆变器开关时间
   Compar1 = (Ts-t1-t2)/4;
   Compar2 = t1/2+Compar1;
   Compar3 = t2/2+Compar2;
   % 输出调制信号
   if Wave>=0&&Wave<Compar1
      Pulse = u0;
   else if Wave>=Compar1&&Wave<Compar2
      Pulse = Ua;
   else if Wave>=Compar2&&Wave<Compar3
      Pulse = Ub;
   else
      Pulse = u7;
   end
```

**3）逆变器模块**

　　逆变器模块如图 2-20 所示，采用 Simulink 库中 SimPowerSystems 子目录下自带的逆变器模块。逆变器模块输入为 PWM 信号和母线电压，模块输出 A、B、C 与永磁同步电机模块的 $A$、$B$、$C$ 三相直接相连。

**4）坐标变换模块**

　　坐标变换模块以 Park 变换模块为例进行介绍，如图 2-21 所示。Park 变换模块输入为 $d$ 轴电压 $u_d$、$q$ 轴电压 $u_q$ 以及电机电角度 $\theta_e$；模块输出为 $\alpha$ 轴电压 $u_\alpha$ 和 $\beta$ 轴电压 $u_\beta$。

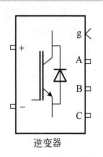

逆变器

图 2-20　逆变器模块

Park 变换模块使用 Simulink 库中的 User-Defined Functions 模块自带的 Fcn 实现,具体如图 2-22 所示。

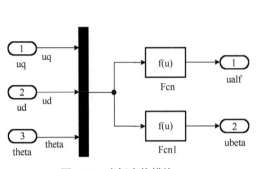

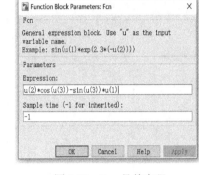

图 2-21　坐标变换模块　　　　　　　　　图 2-22　Fcn 具体实现

### 5) 控制器模块

电流环控制器和速度环控制器均采用传统 PI 控制方法,控制器模块如图 2-23 所示,采用 Simulink 中自带的积分模块、增益模块和数学运算模块,三者构成 PI 控制器模块。控制器模块输入为误差,输出为控制量。

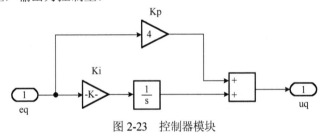

图 2-23　控制器模块

基于上述永磁同步电机控制过程中涉及的几个主要模块,便可建立永磁同步电机调速系统仿真模型,下面结合电机控制实例进行仿真分析。

## 2.3.2　永磁同步电机的仿真举例

以某型永磁同步电机为对象进行调速系统仿真举例,电流环和速度环均采用 PI 控制器进行闭环控制,空间矢量脉宽调制频率为 10kHz。永磁同步电机具体参数如下:线包电阻 5.578Ω,绕组电感 105.51mH,转矩系数 34.965N·m/A,磁极对数 20,电机和负载转动惯量 2500kg·m²。下面给出永磁同步电机跟踪不同类型速度参考指令时的仿真结果。

### 1) 电机跟踪速度阶跃参考指令

为了更好地观察电机在加减速阶段的电流、转矩和反电动势等参数的变化,通过限制速度控制器的控制量对电机的加速度(电流)进行限幅,以保留一定的恒加速或减速运行时间。由此,可以清晰地观测到电机调速阶段和稳定运行阶段各个变量的情况。

首先,给定 10°/s 的速度参考指令;在 $t=5$s 时,速度参考指令发生阶跃变化,减小为 5°/s。在此条件下,永磁同步电机的速度响应曲线、三相电流响应曲线和转矩响应曲线分别如图 2-24~图 2-26 所示。

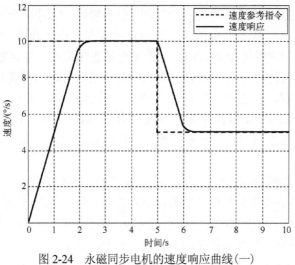

图 2-24　永磁同步电机的速度响应曲线(一)

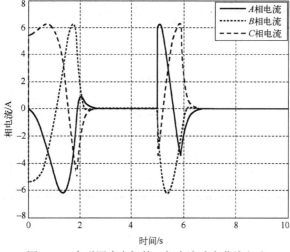

图 2-25　永磁同步电机的三相电流响应曲线(一)

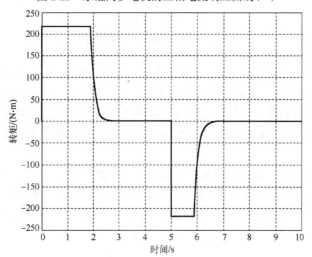

图 2-26　永磁同步电机的转矩响应曲线

通过上述三组数据曲线可以看到：在电机的启动阶段，控制电流较大，输出较大转矩，电机以最大加速能力运行直到电机速度接近给定速度参考指令数值，电机的三相电流呈正弦形状；当电机速度到达参考指令数值后，控制电流迅速减小，电机输出转矩也随之迅速减小，此时电机输出的转矩主要用来克服摩擦力矩。当电机进入稳速运行状态时，电机的三相电流仍呈正弦形状，只是由于电流幅值较小，看上去并不明显。此外，在 $t = 5s$ 时，速度参考指令发生阶跃变化，电机控制电流幅值增大，电机输出反向力矩，进入减速过程；当电机转速到达参考指令数值后，控制电流和电机转矩再次迅速减小，电机以新的速度稳定运行。

电机的 $d$ 轴、$q$ 轴电流响应曲线如图 2-27 所示。通过这两组曲线可以看到，在同步旋转坐标系下，$q$ 轴电流的曲线走势与电机输出转矩的曲线走势相同，$d$ 轴电流在零上下波动。通过对 $d$ 轴和 $q$ 轴电流的单独控制，实现了永磁同步电机类似直流电机的控制方式，这与前面所述基于 $i_d = 0$ 的永磁同步电机矢量控制原理是一致的。

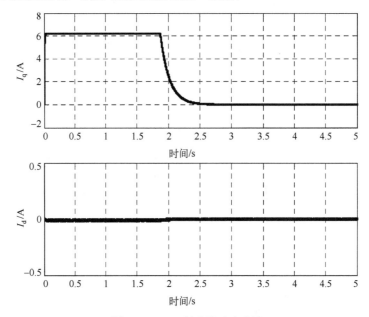

图 2-27　$q$、$d$ 轴电流响应曲线

电机的三相反电动势响应曲线如图 2-28 所示。可以看到，三相反电动势在整个电机运行过程中呈正弦形状。根据永磁同步电机的数学模型，三相反电动势最大幅值与电机的电角速度成正比，因此在电机加速过程中，三相反电动势幅值逐渐增大；在稳速运行阶段，三相反电动势最大幅值恒定；在电机以更低转速稳速运行时，三相反电动势的最大幅值也随之减小且保持恒定。

电机稳速运行过程中，定子磁链的响应曲线如图 2-29 所示。可以看到，由两相静止坐标系下的磁链合成的定子磁链轨迹为圆形，半径幅值为 $\psi_f$。放大局部曲线可以看到磁链具有一定的波动情况，这是由电流波动引起的磁链波动。磁链响应与前面所述永磁同步电机矢量控制和空间矢量脉宽调制对定子磁链的描述是一致的。

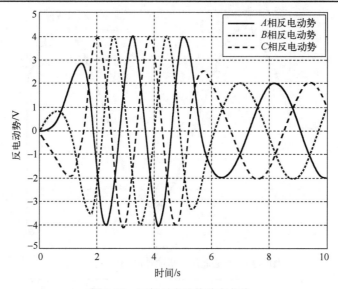

图 2-28　三相反电动势响应曲线

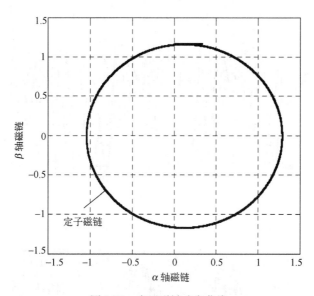

图 2-29　定子磁链响应曲线

**2）电机跟踪速度正弦参考指令**

给定最大幅值为 5（单位 °/s），频率为 0.15（单位 rad/s）的速度正弦参考指令，永磁同步电机的速度响应曲线、三相电流响应曲线、三相反电动势响应曲线分别如图 2-30～图 2-32 所示。

通过上述仿真曲线可以看到，永磁同步电机能够准确地跟踪速度参考指令。在电机以正弦速度运行的过程中，三相电流呈螺旋状分布，三相反电动势也呈螺旋状分布。这是因为电机参考指令的速度和加速度随时间实时变化，所以在跟踪正弦参考指令的过程中，电机也一直处于加速和减速的动态调整过程中。

上述永磁同步电机调速系统的仿真分析，充分验证了永磁同步电机矢量控制和空间矢量脉宽调制等基本控制方法的正确性与有效性。

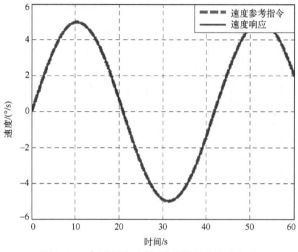

图 2-30　永磁同步电机的速度响应曲线(二)

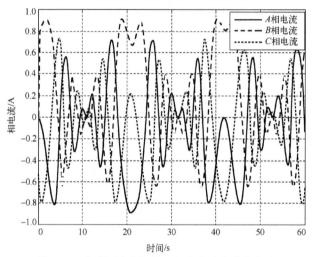

图 2-31　永磁同步电机的三相电流响应曲线(二)

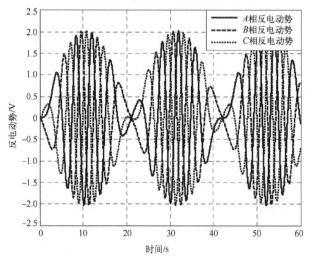

图 2-32　永磁同步电机的三相反电动势响应曲线

# 2.4　小　　结

本章首先对交流永磁同步电机的结构特点和工作原理进行介绍；其次，以正弦波永磁同步电机为研究对象，介绍了永磁同步电机在不同坐标系下的数学模型；在此基础上，详细介绍了永磁同步电机的矢量控制方法和空间矢量脉宽调制方法；最后，介绍了建立永磁同步电机调速系统仿真模型的方法，对永磁同步电机速度闭环控制进行了仿真分析。仿真给出了电机调速过程中速度、三相电流、转矩以及三相反电动势的响应结果，可供读者进一步理解和掌握永磁同步电机的基本控制方法，为永磁同步电机的高精度控制及其在机电伺服控制系统中的应用奠定良好的基础。

# 复习思考题

2-1　假定三相静止坐标下三相电流为 $i_a = 5\cos(6\pi t)$，$i_b = 5\cos(6\pi t - 2\pi/3)$，$i_c = 5\cos(6\pi t + 2\pi/3)$，建立坐标变换仿真模型，给出两相静止坐标系下的电流响应曲线。

2-2　按照 2.2.3 节的介绍，依据 SVPWM 的调制过程，建立 SVPWM 仿真模型。设定 $u_\alpha = 100\cos(10\pi t)$，$u_\beta = 100\sin(10\pi t)$，脉宽调制周期为 0.0001s，直流母线电压为 310V。给出扇区 $N$，以及时间 $t_{aon}$、$t_{bon}$、$t_{con}$ 的计算结果。

2-3　某永磁同步电机伺服控制系统的电机参数如下：定子电阻 3.46Ω，定子电感 37.7mH，转矩常数 29N·m/A，转动惯量 500kg·m²，磁极对数 26。假定母线电压 48V，摩擦力矩 10N·m。建立永磁同步电机矢量控制调速仿真模型，实现电机速度闭环控制。仿真电机跟踪斜率为 0.5°/s 的速度斜坡参考指令时，三相静止坐标系、两相静止坐标系以及同步旋转坐标系下的电流响应曲线。

2-4　若习题 2-3 所述的电机工作在稳速运行状态，角速度为 3°/s，仿真分析此时的电机三相电流和三相反电动势，并给出定子磁链响应曲线。

# 第3章 永磁同步电机驱动控制硬件设计

目前，交流永磁同步电机伺服控制系统普遍采用数字信号处理器(DSP)并配以相应的外围电路完成电机的闭环控制。但是，随着控制策略复杂程度的增加和电流环采样频率的提高，采用单一微型控制器并不能很好地满足伺服控制系统的高性能控制需要，因此，伺服控制系统硬件面临着较大的升级挑战。随着大规模集成电路技术的发展，现场可编程门阵列(FPGA)的出现可以很好地解决上述问题。相比于专用集成电路(ASIC)，FPGA 的优点是：①用户可以根据需要，通过专门的布线工具进行多次重新编程；②开发周期短、功耗低，并且含有嵌入式内核。因此，基于 FPGA 的交流伺服控制系统得到了国内外学者的广泛关注。通过 FPGA 硬件编程语言实现交流伺服控制系统，一定程度上缩短了系统的开发周期。因此，在第 2 章的基础上，本章将首先介绍永磁同步电机伺服控制系统硬件驱动和控制电路的设计方法；然后介绍如何在 FPGA 中实现永磁同步电机的空间矢量运算和电流环 PI 控制器算法。

## 3.1 永磁同步电机硬件驱动电路设计

为实现交流永磁同步电机的控制，首先需要完成驱动控制硬件的设计，然后在硬件基础上实现矢量控制算法。伺服控制系统的硬件系统包括驱动电路和控制电路两部分，驱动电路采用大功率智能功率模块进行设计，控制电路采用基于 FPGA 的并行硬件电路实现。

逆变器是实现弱电控制强电的功率转换部件，是电机驱动控制硬件电路的强电部分。随着电子器件工艺技术的不断进步，逆变器元件正向着开关速度高、集成度高和智能化的方向发展，因此智能功率模块(IPM)应运而生。IPM 模块中嵌入了故障检测电路，具有短路保护、欠压保护和过温保护等多种功能，是一种较为经济实用的智能型功率集成器件。

IPM 的优点概括如下。

(1)开关响应快，IPM 内部的 IGBT 为高速型，驱动电路紧靠 IGBT，延时小。

(2)功耗低，IPM 内部 IGBT 导通压降低，损耗小。

(3)过流保护速度快，当发生严重过载或者短路时，IGBT 将快速被关断，同时故障信号置位。

(4)抗干扰能力强，门极驱动电路和 IGBT 集成在 IPM 内部，布局合理，无须外部布线。

(5)具有驱动电源欠压保护功能，当驱动电压小于驱动控制电源电压时，会导致驱动能力不足，导通损耗增加；IPM 自动检测驱动电源，当驱动电压低于驱动控制电源电压一定时间时，将关断驱动信号。

基于上面所述的 IPM 优点，IPM 在交流永磁同步电机的驱动控制领域得到了越来越多的应用。目前，国外著名的功率器件生产公司，如日本三菱公司、瑞士 ABB 公司、德国英飞凌公司、美国科尔摩根公司、美国 Parker 公司等在大功率 IPM 制造领域成绩显著，图 3-1 所示为三菱公司的 IPM 实物图和内部截面图。

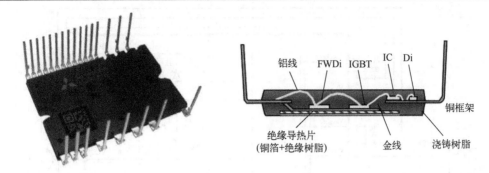

图 3-1　三菱公司的 IPM 实物图和内部截面图

本节将重点介绍基于 IPM 的永磁同步电机功率驱动电路设计。图 3-2 所示为基于 IPM 的数字化交流伺服驱动控制原理框图，功率驱动电路包括 IPM 主电路、磁耦隔离电路、控制信号输入电路、电压检测电路、电流检测电路、检测信号放大电路、辅助电源电路、制动电路和编码器接口电路。

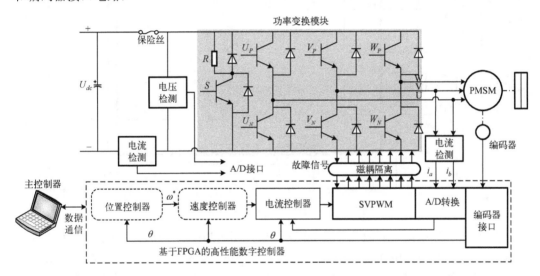

图 3-2　基于 IPM 的数字化交流伺服驱动控制原理框图

## 1. IPM 主电路

基于三菱公司第六代 IPM 的电机驱动主电路如图 3-3 所示。IPM 的 HVIC IGBT 单元包括驱动电路、高压电平转换电路、控制电源欠压保护电路、内置自举二极管及其限流电阻；IPM 的 LVIC IGBT 单元包括驱动电路、短路保护电路、控制电源欠压保护电路、过温保护电路；此外，IPM 主电路还包括 IGBT 驱动电源和控制信号输入接口，IGBT 驱动电源采用 DC15V 单电源供电，控制信号输入接口为施密特触发电路，兼容 3.3V 和 5V 输入电平信号，控制逻辑为高电平导通。IPM 主电路外部应配置相应电路来保证功率转换的正常运行，后面将对这些外围电路分别进行介绍。

## 2. 磁耦隔离电路

IPM 的磁耦隔离电路如图 3-4 所示，采用 ADI 公司的 ADuM1410 和 ADuM1412 高速磁

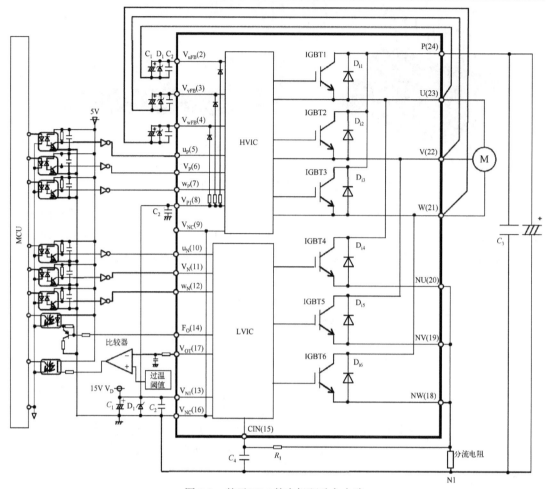

图 3-3　基于 IPM 的电机驱动主电路

耦隔离芯片实现控制电路与 IPM 主电路的隔离,磁耦隔离芯片的原副边采用相互隔离的单端直流 5V 电源进行供电。IPM 的驱动信号 U_Up、U_Un、V_Vp、V_Vn、W_Wp 和 W_Wn 经过磁耦隔离后输出 Up1、Un1、Vp1、Vn1、Wp1 和 Wn1 作为控制信号输入电路的输入。IPM 的故障输出信号 Fo 和过温信号 Vot 经过磁耦隔离后到达微型控制器(MCU)或者 FPGA 的数字 I/O 接口,在控制程序中作为软件故障保护的输入信号。

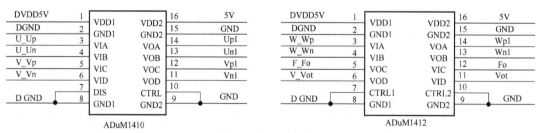

图 3-4　磁耦隔离电路

### 3. 控制信号输入电路

磁耦芯片副边的信号 Up1、Un1、Vp1、Vn1、Wp1 和 Wn1,通过如图 3-5 所示的通用控制输入信号互锁电路(Xp1 表示 Up1、Vp1、Wp1，Xn1 表示 Un1、Vn1、Wn1，Xp 表示 Up、Vp、Wp，Xn 表示 Un、Vn、Wn)获得 IPM 的驱动信号 Up、Un、Vp、Vn、Wp 和 Wn。互锁电路能够防止 IPM 的上、下桥臂同时导通造成短路，从控制输入信号的角度保证了 IPM 功率转换的安全性。此外，在控制信号输入电路中加入了 IPM 的故障输出信号 Fo，当 IPM 输出低电平故障输出信号 Fo 时，会同时拉低驱动信号 Up、Un、Vp、Vn、Wp 和 Wn，禁止使能所有驱动信号，从 IPM 自身故障保护信号的角度进一步约束了输入控制信号。因此，通过设计控制信号输入电路，可以提高 IPM 功率转换电路的可靠性。

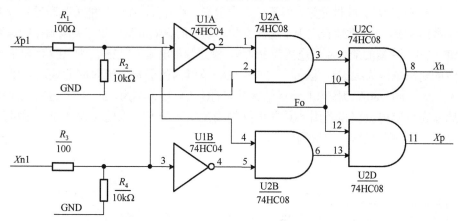

图 3-5　控制信号输入电路图

## 4. 电压检测电路

为了保证功率驱动电路的安全可靠运行，采用 LEM 公司的霍尔电压传感器 LV25-P 进行母线电压检测。如图 3-6 所示，LV25-P 是一款基于闭环补偿的霍尔电压传感器，它具有精度高、线性度好、温漂低、带宽高、抗干扰能力强的优点，因此 LV25-P 非常适合应用于交流变频驱动和伺服电机驱动等领域。

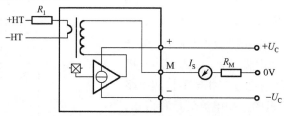

图 3-6　LV25-P 电压传感器原理图

电压检测电路如图 3-7 所示，LV25-P 的传送比为 1000∶2500，由于原边的额定电流为 10mA，因此副边的额定电流为 25mA。为了保证电压传感器检测的线性度，应尽量保证检

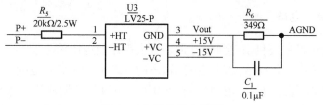

图 3-7　电压检测电路图

测电流在额定电流范围以内。假设原边端电机驱动母线电压小于200V，副边端A/D转换的范围为–10～10V，则主边电阻 $R_5$ 阻值为 200V/10mA = 20kΩ，副边电阻 $R_6$ 的阻值选择应该满足条件 $R_6×5mA<10V$，在本示例中 $R_6$ 阻值选择为349Ω。

### 5. 电流检测电路

为了提供永磁同步电机矢量控制所需的相电流，采用 LEM 公司的霍尔电流传感器 LTS25-NP 进行电机相电流检测。如图 3-8(a) 所示，LTS25-NP 是一款基于闭环补偿的霍尔电流传感器，它具有精度高、线性度好、温漂低、带宽宽、响应快、抗干扰能力强和过载能力强的优点，因此 LTS25-NP 非常适合应用于交流变频驱动、伺服电机驱动和开关电源控制等领域。LTS25-NP 电流传感器的最大测量电流为 ±80A，额定测量电流为 ±25A，如图 3-8(b) 所示，零电流对应的输出电压为 2.5V。因此，–25～25A 范围内的测量电流对应的输出电压范围为 1.875～3.125V，–80～80A 范围内的测量电流对应的输出电压范围为 0.5～4.5V。但是，LTS25-NP 电流传感器在额定电流测量范围内具备更好的线性度和精度，因此在设计选型时尽量使用 LTS25-NP 电流传感器的额定电流测量范围。

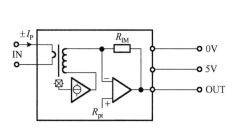

(a) LTS25-NP 电流传感器原理图

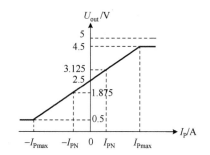

(b) LTS25-NP 电流传感器输出电压与检测电流关系图

图 3-8　LTS25-NP 电流传感器

永磁同步电机的 $U$ 相电流检测电路如图 3-9 所示，LTS25-NP 电流传感器采用单端 5V 电源供电，电机相电流从 1、2、3 引脚流入，从 4、5、6 引脚流出，检测电流从 7 引脚采集。永磁同步电机的 $V$ 相和 $W$ 相电流检测电路与 $U$ 相电流检测电路相同。由于永磁同步电机的三相电流矢量和为 **0**，即满足 $I_U + I_V + I_W = 0$，因此实际电路设计过程中只需设计其中的两相电流检测电路即可实现对永磁同步电机三相电流的检测。

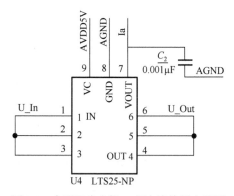

图 3-9　永磁同步电机 $U$ 相电流检测电路图

### 6. 检测信号放大电路

检测信号放大电路主要包括电流信号调理放大电路和电压信号调理放大电路。电流信号调理放大电路主要将电流传感器 LTS25-NP 输出的 1.875～3.125V 范围内的电压经过滤波和放大后获得–10～10V 范围内的标准 A/D 采样电压。电流信号调理放大电路如图 3-10 所示，来自电流传感器的相电流经过带有跟随器的一阶低通滤波器后，再通过放大增益为 16 倍的运

算放大电路获得 ±10V 范围内的电压。为了保护 A/D 转换器，防止转换器电压输入过压，在电流信号调理放大电路的输出端设计钳位电路。电压信号调理放大电路如图 3-11 所示，通过选择电压传感器的电阻 $R_6$ 可以使得输出电压 $U_{out}$ 在 0~10V 范围内，$U_{out}$ 通过带有跟随器的一阶低通滤波器和钳位电路后到达 A/D 转换器的输入端。

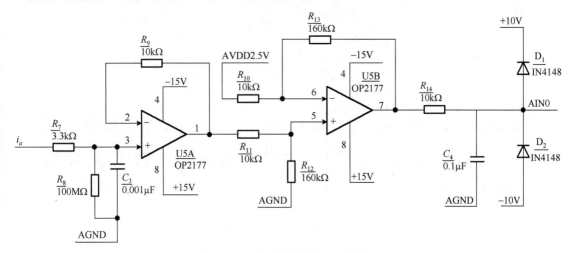

图 3-10    电流信号调理放大电路图

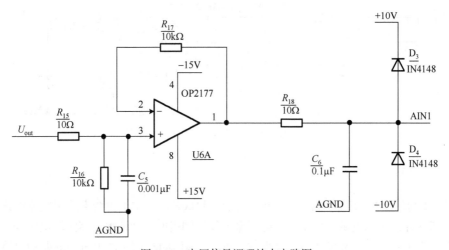

图 3-11    电压信号调理放大电路图

### 7. 辅助电源电路

永磁同步电机的功率转换电路是一个强弱电混合的电路系统，电路模块较多。电路要求由相互隔离模块进行电源转换。先将降压后的母线电压经过直流/直流(DC/DC)变换器转为 15V 直流电压，再将 15V 直流电压进行二次 DC/DC 隔离转换，分别为 IPM 提供 4 路隔离直流 15V 电压，从而为 U、V、W 三相上桥臂以及下桥臂隔离驱动模块供电。母线电压转直流电压 15V 电路如图 3-12 所示，采用 LM2575HVS-15 作为 DC/DC 变换器。隔离 15V DC/DC 转换电路如图 3-13 所示，采用 B1515XT-2WR2 作为隔离 DC/DC 变换器。此外，电压传感器所需的隔离正负 15V DC/DC 转换电路如图 3-14 所示。

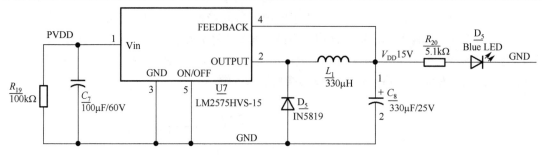

图 3-12　母线电压转直流电压 15V 电路图

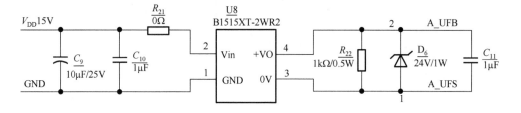

图 3-13　隔离 15V DC/DC 转换电路图

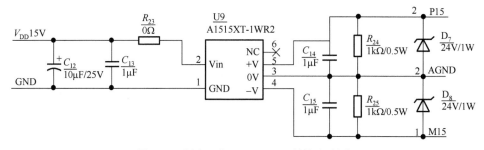

图 3-14　隔离正负 15V DC/DC 转换电路图

**8. 制动电路**

　　当 IPM 母线电压长时间过高或者电机处于制动状态时，由于母线电压由整流电路不可控桥式整流或者开关电源提供，直流侧的电能将不能返回电网，会使得电容两端电压升高，危及器件安全。为了避免过压故障烧毁功率器件，设计如图 3-15 所示的电机能耗制动电路，从而保护电机驱动控制系统的安全。母线电压通过电流传感器 LV25-P 实时检测，通过软件程序采集并判断；当电机制动产生的泵生电压或者其他原因引起的母线电压过高时，由 FPGA 输出差分制动信号，通过 IGBT 驱动芯片 STGAP2SM 触发 IGBT Q1 导通，使得电机制动时产生的能量消耗在制动电阻 $R_{31}$ 上；当母线电压小于关断阈值时，关断 IGBT 完成泄放保护工作。

**9. 编码器接口电路**

　　目前常用的编码器接口分为绝对式编码器接口和增量式编码器接口两大类。其中，绝对式编码器接口又分为基于 BiSS-C 协议的接口和基于 EnDat 协议的接口。下面将分别介绍上述几种编码器接口电路设计。

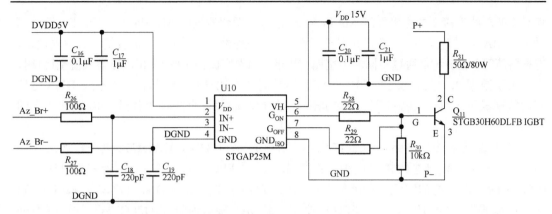

图 3-15　电机能耗制动电路图

### 1) 基于 BiSS-C 协议的绝对式编码器接口

BiSS(Bidirectional Synchronous Serial)接口通信协议是由德国 IC-Haus 公司提出的一种新型的可自由使用的开放式同步串行通信协议,是一种全双工同步串行总线通信协议,专门为满足实时、双向、高速的传感器通信而设计。BiSS 接口在硬件上兼容工业标准 SSI(同步串行接口)总线协议,其典型应用是在运动控制领域实现伺服驱动器与编码器通信。BiSS 接口通信协议目前的版本是 BiSS-C,BiSS 协议采用 RS-422 接口规范,使用该协议通信时波特率可以达到 10Mbit/s,达到 RS-422 接口总线的波特率上限。其总线连接方式、报警位、协议长度可调整,工业应用灵活性好,无协议产权成本,全数字接口无模拟量器件成本。因此,在通信速度、产品适应性、成本等综合方面,基于 BiSS 协议的编码器在机电伺服控制系统中具有较好的优势。

BiSS 协议包括读数模式(Read Mode)和寄存器模式(Register Mode)。如图 3-16 所示,在

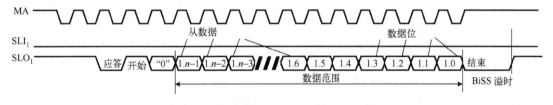

(a) 点对点连接时序波形

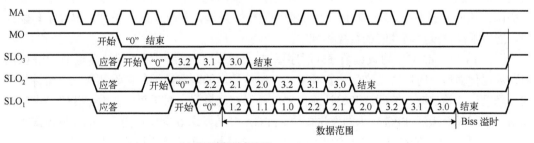

(b) 总线连接时序波形

图 3-16　BiSS 接口点对点连接和总线连接的时序波形

点对点或总线连接下由主机发送 MA(Master)信号，编码器返回 SL(Slave)信号。SL 返回信号是和 MA 的时钟同步的。在寄存器模式下，MA 在提供时钟的同时，需要携带寄存器地址、寄存器值等信息，这是通过不同的占空比实现的：当占空比在 10%~30%(称为低占空比)时，同时表示数据 0；当占空比在 70%~90%(称为高占空比)时，同时表示数据 1。BiSS 协议在读数模式下，通信波特率可达到 10Mb/s。在 MA 的每一个时钟上升沿，SL 返回相应的数据位。

BiSS 编码器接口电路如图 3-17 所示，采用 AM26C31 和 AM26C32 电平转换芯片作为多路 RS-422 差分总线接口电平转换芯片，通过 FPGA 按照图 3-16 所示的时序进行 BiSS 协议接口功能的实现，在硬件上仅需由 FPGA 控制一路 I/O 接口通过 AM26C31 芯片完成编码器时钟的触发，由 FPGA 控制一路 I/O 接口通过 AM26C32 芯片进行数据接收。

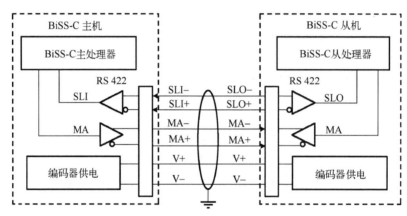

图 3-17　BiSS 编码器接口电路图

#### 2) 基于 EnDat 协议的绝对式编码器接口

EnDat 接口是海德汉(HEIDINHAIN)公司专为编码器设计的数字式、全双工同步串行的数据传输协议，它不仅能为增量式和绝对式编码器传输位置值，同时也能传输或更新存储在编码器中的信息，或保存新的信息。由于使用了串行传输方式，所以只需四条信号线，在后续电子设备的时钟激励下，数据信息被同步传输。数据类型(位置值、参数、诊断信息等)由后续电子设备发送给编码器的模式指令选择决定。EnDat 协议具有通信速率快、功能丰富、接线简单、抗噪声能力强等特点，是编码器数据传输的通用协议，而且已经成为新的行业标准协议。其最新版本 EnDat2.2 接口协议得到进一步发展，优化了时间条件，提高了传输速率，能用于高精度、高性能的数控领域中。

图 3-18 是 EnDat2.2 协议读数模式时序图。在上电或复位后，时钟线保持高电平，当 FPGA 启动数据传输后，时钟线上产生一定频率的方波信号，编码器数据的接收从第一个时钟信号的下降沿处开始启动，编码器开始计算位置值并保存测量值。对于每一次数据传输，在时钟的第二个下降沿激活 FPGA 内的发送模块，FPGA 开始发送 6 位模式指令，或 6 位模式指令和 24 位参数，紧接着在下一个时钟下降沿关闭发送模块，激活接收模块。当编码器的绝对位置值完成计算后，编码器从起始位开始向 FPGA 传送数据。此时 FPGA 开始检测起始位 S 的

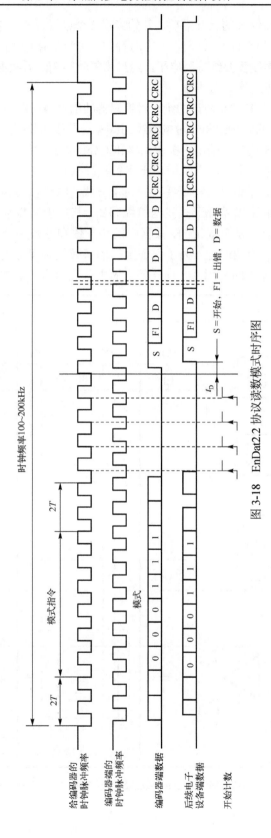

图 3-18　EnDat2.2 协议读数模式时序图

上升沿，当检测到起始位 S 的上升沿后，开始接收 2 个错误位 F1，25 个位置值和 5 位 CRC 码，或接收 24 位参数和 5 位 CRC 码，并在时钟的下降沿保存输入的数据。最后关闭时钟发生器，但时钟线和数据线仍要维持高电平，经过恢复时间 3μs 后数据线返回低电平，时钟线的高电平一直持续到下一次数据传输。

图 3-19 所示是基于 EnDat 协议的绝对式编码器的电器接口图，它的电气连接需要一对差分的数据线、一对差分的时钟线和一对电源线。其中，时钟线和数据线的电气连接遵循 RS-485 电气接口标准。RS-485 接口是采用平衡驱动器和差分接收器的组合接口，其抗噪声干扰能力强、通信速率快、传输距离长，广泛应用于串行接口通信。在工作时，接口电路为数据传输提供同步时钟信号，采取"一问一答"的通信方式。时钟信号为单向传输，由后续电子设备产生，经由接口电路以差分形式发送给编码器，其用于同步数据位并控制数据的传输速率。数据的传输理论上是全双工的，数据中的位置值和参数指令可以在编码器与后续电子设备之间相互传输，但实际上，为了保证数据的有效性和可靠性，同一时间只允许一个方向上的数据流有意义，即采用"一问一答"的主从通信方式。在接口电路设计时，一个

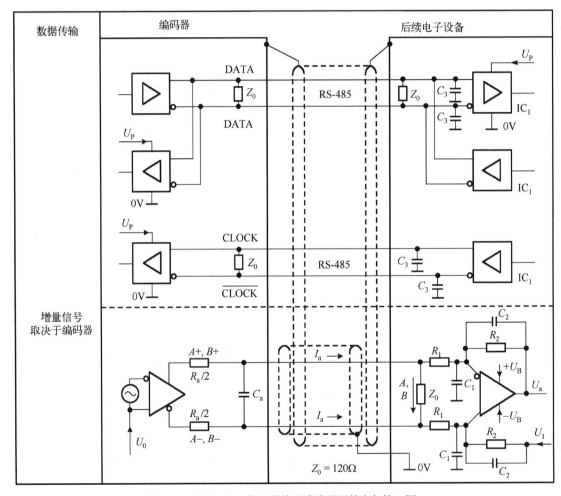

图 3-19　基于 EnDat 协议的绝对式编码器的电气接口图

编码器接口电路使用 2 个 RS-485 接口芯片,一个芯片用于向编码器传输差分的同步时钟信号 CLOCK,该芯片将工作在发送模式;另一个芯片用于传输编码器和后续电子设备之间的数据信号 DATA,该芯片将工作在半双工模式。时钟频率取决于电缆长度,频率可在 100kHz～2MHz。

在图 3-19 中,可以采用 SN65HVD78D 芯片作为 RS-485 接口芯片。在协议读出时,由 FPGA 控制一路 I/O 输出时钟信号进入一个 SN65HVD78D 芯片进行差分和电平转换,控制两路 I/O 通过另一个 SN65HVD78D 芯片进行数据发送和接收,并控制一路 I/O 进行接口芯片的读写选择。

(3) 增量式编码器接口。

增量式编码器的硬件接口电气连接需要三对差分的信号线和一对电源线,三对差分的信号线分别为 A 相信号、B 相信号和 Z 相信号。A、B 相信号输出相位差为 90° 的两组脉冲序列,正转和反转时两路脉冲的超前、滞后关系刚好相反。Z 相信号又称为 Z 相零位脉冲,每转 1 圈,输出 1 个脉冲,用作系统清零信号,或坐标的原点,以减少测量的积累误差。图 3-20 所示是采用 SP489 作为接口芯片的 A、B 相增量式编码器接口电路图。

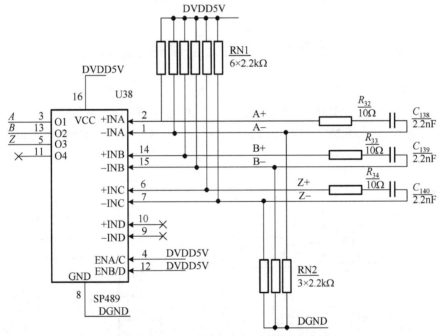

图 3-20　A、B 相增量式编码器接口电路图

如图 3-21 所示,当采用 FPGA 完成接口电路解码时,可以按照以下时序逻辑进行编码器信号的四倍频和正反向判断。利用系统时钟提取信号边沿信息,将 A 相和 B 相分别延时一个时钟,获得 deA 和 deB,利用异或运算获得 A、B 相边沿信息 C、D 和四倍频脉冲 M,再利用 A 相边沿信息 C 作为触发,通过 A、B 相信号异或运算便可得到旋转方向 DIR,根据鉴向结果,用计数器对四倍频脉冲 M 进行计数。在获得编码器计数信息后,根据初始零点便可获得系统位置信息,通过差分即可获得系统速度信息。

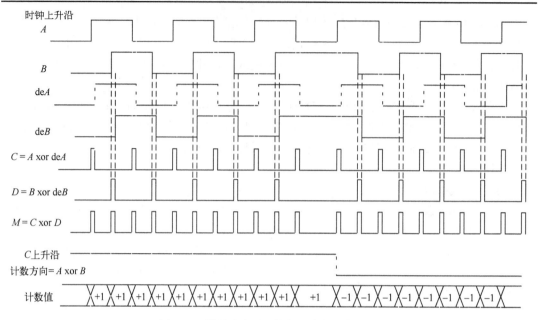

图 3-21　增量式编码器倍频和鉴向时序逻辑

## 3.2　永磁同步电机矢量控制电路设计

基于 FPGA 在交流伺服控制系统中应用的优点，本节将介绍基于 FPGA 的永磁同步电机伺服控制系统。FPGA 并行电路主要负责完成 A/D 采集电路、编码器信号处理电路、SVPWM 信号调制器、控制器及坐标变换的功能，如图 3-22 所示。FPGA 采用美国 Altera 公司的 EP3C40F324

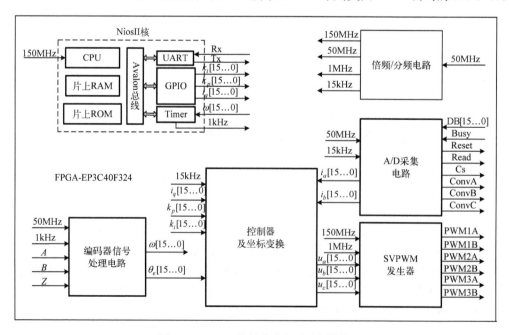

图 3-22　FPGA 并行电路主要功能模块

芯片，该芯片有 39600 个 Les、196 个 I/O 引脚、1161216 位 RAM；A/D 采集芯片采用 16 位 AD7656 芯片，该芯片具有 6 通道模拟信号采集能力，吞吐率可达到 250Kbit/s。

基于 FPGA 的永磁同步电机控制结构图如图 3-23 所示，在 FPGA 内部集成了 A/D 采集模块、编码器信号处理模块、空间矢量脉宽调制计算模块、坐标变换模块以及速度环控制器和电流环控制器。其中，控制系统的速度环控制器的算法是在 FPGA 内部的 Nios II 软核完成的，该软核具有 32 位浮点数的计算能力，满足速度环所需的 1kHz 的实时运算。

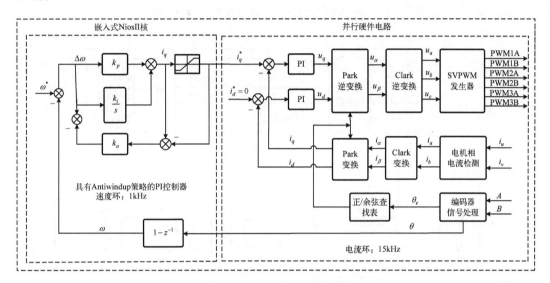

图 3-23 基于 FPGA 的永磁同步电机控制结构图

### 1. A/D 采集模块

A/D 采集模块通过有限状态机来实现，有限状态机根据 16 位模/数转换芯片 AD7656 的时序进行编写。A/D 转换器与 FPGA 之间通过 6 个控制信号和 16 位数据总线连接，控制信号 Convx 选择数据通道，FPGA 通过 16 位数据总线读取转换结果。A/D 采样控制器的触发信号由控制时钟 15kHz 产生，AD7656 的采样频率与 PWM 的载波频率相同，均为 15kHz。AD 采样结束时产生结束标志信号给电流环及坐标变换模块以启动电流环的计算。由于永磁同步电机的矢量控制算法需要 A、B 两相电流值，因此，AD7656 只需采集电流传感器的两相电压信号即可。

### 2. 编码器信号处理模块及空间矢量脉宽调制计算模块

编码器信号处理模块包括数字滤波器、四倍频电路、鉴向电路和双向计数器。数字滤波器用来滤除电机旋转时在编码器输出端产生的信号噪声；通过四倍频和鉴向电路得到电机的旋转方向信号 DIR 和编码器脉冲信号 PLS，信号 DIR 和 PLS 经过双向计数器得到电机位置信号，编码器索引信号 Z 对计数进行周期性异步清零。对位置信号进行周期性差分可得到位置差值，从而得到真实的速度值 $\omega$。

根据永磁同步电机矢量控制原理，需要 6 路 PWM 信号驱动 IPM 电压逆变器，该控制器中的 PWM 信号是通过三角波比较法产生的。FPGA 在完成电流环和坐标变换的计算后，以三组电压信号 $u_a$、$u_b$、$u_c$ 变量作为输入，进行扇区判断和占空比分配计算；然后，三组 PWM 占空比以数字量形式发送到 SVPWM 波发生器的比较寄存器 CMPx，PWM 波的时间基准计数器 CTR 与比较寄存器 CMPx 进行比较产生所需占空比的 PWM 控制信号。为了防止智能 IPM 中上、下桥臂的 IGBT 直通造成短路，需要在 PWM 信号中加入死区，死区时间由死区寄存器设定，通常为 5μs。

编码器信号处理模块和 SVPWM 信号调制计算模块如图 3-24 所示。

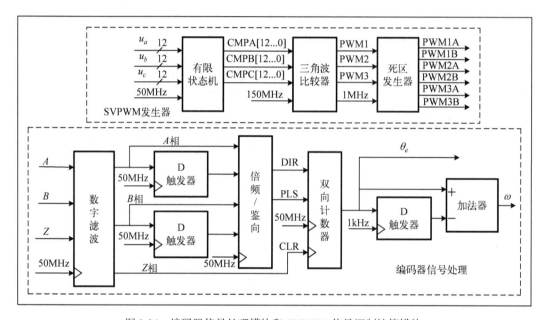

图 3-24    编码器信号处理模块和 SVPWM 信号调制计算模块

## 3. 电流控制器模块

如图 3-25 所示，$d$ 轴和 $q$ 轴电流环均采用增量式 PI 控制器，两个电流环 PI 控制器采用相同的比例增益 $k_p$ 和积分增益 $k_i$。控制器的参数通过 Nios II 软件以 $Q_{12}$ 的定点形式进行设置，增量式 PI 控制器表达式如下：

$$e_x(k) = i_x^*(k) - i_x(k) \tag{3.1}$$

$$\Delta u_x(k) = k_p(e_x(k) - e_x(k-1)) + k_i e_x(k) \tag{3.2}$$

$$u_x(k) = u_x(k-1) + \Delta u_x(k) \tag{3.3}$$

式中，$x$ 为 $d$ 轴或 $q$ 轴；$e_x(k)$ 为电流误差；$\Delta u_x(k)$ 为 PI 控制器增量输出；$u_x(k)$ 为 PI 控制器输出。

电流环 PI 控制器的算法，在 FPGA 硬件电路中采用 $Q_{12}$ 的定点运算代替浮点运算，并且采样周期 15kHz 决定了电流控制器输出的更新频率。

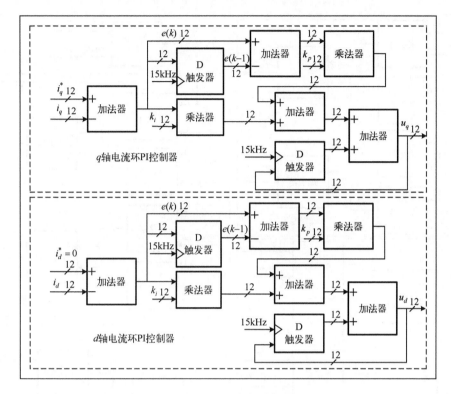

图 3-25　电流环 PI 控制器原理图

#### 4. 坐标变换模块

永磁同步电机矢量变换模块如图 3-26 所示,由 Clarke 变换、Park 变换、Park 逆变换、Clarke 逆变换和正/余弦查找表五部分组成。对于上述坐标变换运算,均采用 $Q_{12}$ 的定点并行运算方式,这种并行运算方式的优点是运算速度快,缺点是需要较多的 FPGA 资源。Clarke 变换需要一个加法器和两个乘法器,其余的三个坐标变换均需要两个加法器和四个乘法器完成计算。Park 变换及其逆变换中用到的正/余弦函数是通过查找表实现的,查找表的建立方法是在 FPGA 中新建.mif 文件并存储正/余弦函数数值,采用电角度 $\theta_e$ 的地址查询的方法得到正/余弦函数数值。

#### 5. 电机控制效果

FPGA 完成上述永磁同步电机转速控制需要如下资源:11470 个逻辑单元(占 EP3C40 LEs 的 29%)、865664 位 RAM(占 EP3C40 RAM 的 75%)、27 个乘法器(占 EP3C40 乘法器的 11%)、1 个 PLL(占 EP3C40 PLL 的 25%)。下面对基于 FPGA 的永磁同步电机驱动控制硬件实现方法进行实验验证。永磁同步电机参数如下:最高转速为 1500r/min,力矩常数 $K_t$ 为 1.6N·m/A,转动惯量 $J$ 为 $2.52×10^{-3}$kg·m²,极对数为 4,额定输出功率为 1500W。位置编码器的分辨率经过四倍频处理后为 10000 线/圈。

图 3-27(a)、(b)分别为电机跟踪速度阶跃参考信号(±300r/min)时的速度响应曲线和控制电流响应曲线。可以看出,PI 控制器的转速超调量约为 12%,调节时间约为 0.65s,速度阶跃响应过程中控制电流响应峰值到达 0.9A。

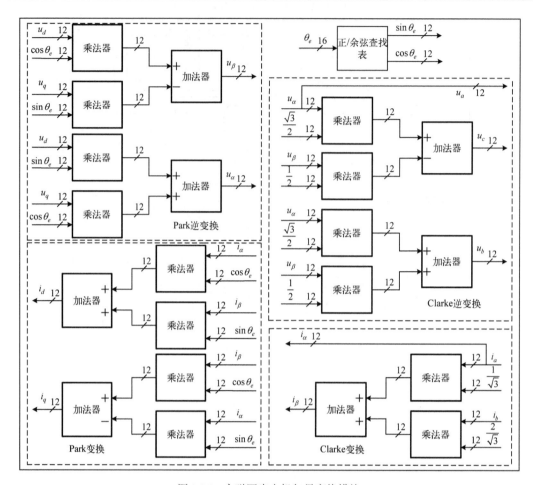

图 3-26　永磁同步电机矢量变换模块

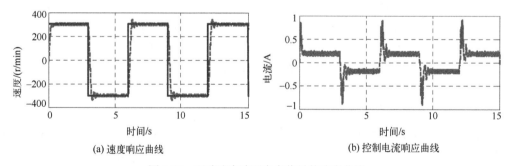

(a) 速度响应曲线　　　　　　　　　　　(b) 控制电流响应曲线

图 3-27　跟踪速度阶跃参考信号的响应曲线

图 3-28(a)、(b)分别为电机跟踪速度正弦参考信号时的速度响应曲线和速度误差曲线。可以看出,PI 控制器的最大速度跟踪误差约为 60r/min。

上述实验结果表明,基于 FPGA 的并行硬件电路实现了电流环及坐标变换的快速运算,内部的 Nios Ⅱ 软核实现了速度控制功能。该速度控制方案可实现永磁同步电机速度的闭环控制快速调节。

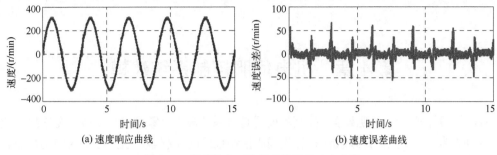

(a) 速度响应曲线　　　　　(b) 速度误差曲线

图 3-28　跟踪速度正弦参考信号的响应曲线

## 3.3　小　　结

本章首先介绍了永磁同步电机的驱动电路设计方法，包括 IPM 主电路、控制信号输入电路、电压电流检测电路、制动电路等；然后介绍了一种基于 FPGA 的永磁同步电机控制的实现方法，包括 A/D 采集、编码器信号处理、空间矢量脉宽调制以及控制器等。本章侧重于永磁同步电机控制的硬件基础知识的介绍，可作为后续机电伺服控制系统控制策略设计的预备基础知识。本章有针对性地对永磁同步电机驱动控制硬件系统进行了介绍，读者应根据自身实际应用需求，再查阅相关技术文献，有重点地进行学习和掌握。

## 复习思考题

3-1　查阅 TI 公司的 DRV8332 的技术手册，参考技术说明进行电机功率驱动的硬件设计。

3-2　查阅 TI 公司的微型控制器 TMS320F28335 的技术手册，进行电机控制器和外围接口电路的原理图设计。

3-3　参考本章基于 FPGA 的永磁同步电机电流环的实现方法，采用 ModelSim 软件进行永磁同步电机矢量控制算法的 FPGA 实现方法仿真。

# 第4章 机电伺服控制系统建模

机电伺服控制系统实现高精度控制的前提是对系统被控对象的充分了解。在掌握被控对象特性的基础上,才能更好地设计和优化伺服控制系统的控制器,达到理想的控制性能。因此,机电伺服控制系统建模是控制系统设计中必不可少的一个环节。本章首先对机电伺服控制系统的机械结构仿真建模方法进行介绍,并详细分析机械谐振现象的产生原因、影响因素以及其对伺服控制系统的影响,在此基础上介绍一种基于弹簧质量模型的机械结构描述方法;其次,对机电伺服控制系统的模型辨识方法进行介绍,包括系统频率特性测试方法、数据处理方法以及基于 Hankel 矩阵的特征系统实现模型辨识方法,以实现对被控对象模型的有效提取。读者在进行机电伺服控制系统设计时,可以参考本章方法快速实现被控系统机械结构建模和控制模型辨识。

## 4.1 机电伺服控制系统机械结构仿真建模

### 4.1.1 机械谐振

机电伺服控制系统通常由伺服控制器、驱动器、电机、传动装置以及负载等部分组成。伺服控制器和驱动器主要实现对电机的闭环控制与功率驱动,保证电机严格按照指令要求旋转运动。负载通过联轴器、变速器、齿轮或丝杠等传动装置与电机进行连接,实现电机转矩向负载的传递,最终完成整个机电伺服控制系统的功能。系统的机械结构对控制性能具有重要影响。在理想情况下,电机和负载之间可认为是纯刚性连接的。但是,在实际系统中,传动装置的机械结构不可避免会出现弹性形变。电机和负载之间的柔性连接,导致转矩在传递过程中发生滞后,进而会导致传动轴两端的运动状态出现差异。此外,弹性形变存储使得传动轴上某些位置发生反向位移,最终导致系统在某些特定的频率点出现机械谐振现象。

机械结构的特性可由刚度系数和黏滞阻尼系数两个参数进行描述,刚度系数代表机械结构抵抗弹性形变的能力,黏滞阻尼系数代表运动过程中受到阻尼力矩的变化。刚度系数、黏滞阻尼系数以及电机和负载的转动惯量等参数共同决定系统机械谐振频率的数值。在实际的机电伺服控制系统中,一般情况下,每一类传动装置的刚度和机械谐振频率数值有其大致的分布范围,具体如图 4-1 所示。机械谐振频率是机电伺服控制系统的重要参数,当伺服控制系统的控制带宽接近或覆盖机械谐振频率时,系统就会发生机械谐振现象。机械谐振会对伺服控制系统产生不利影响,主要体现在两个方面:①机械结构发生共振现象,增加机械疲劳损伤,甚至导致传动结构断裂,并产生较大的噪声。②在谐振频率处,系统的动态特性十分不稳定,导致伺服控制精度下降,稳定性降低。机械谐振频率限制伺服控制系统的闭环控制带宽,对整个机电伺服控制系统的动态性能产生较大影响,甚至还可能导致系统无法稳定运行。

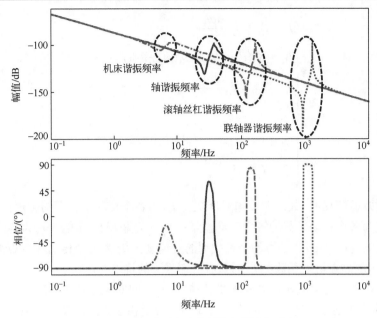

图 4-1　不同类型传动装置的机械谐振分布

机械谐振是一种机电相互作用的结果，处理机械谐振的问题可以从两个角度进行考虑：①从机械设计角度，合理设计结构形式，提升机械结构刚度系数；②从控制算法角度，设计控制策略，对谐振现象进行抑制。机械谐振抑制问题已成为机电伺服控制领域的一个重要研究课题，本书第 5 章将对典型的谐振抑制技术进行介绍。因此，在机电伺服控制系统的设计过程中，对机械结构的动态性能进行建模和研究是十分必要的，以为后续伺服控制系统的设计提供依据。

## 4.1.2　弹簧质量模型

在机电伺服控制系统中，转矩由电机输出，经过传动环节传递到负载终端，电机转矩传递的动态性能取决于电机和负载之间机械结构的传动特性。一般情况下，为了方便分析，可采用如图 4-2 所示的弹簧质量模型对机电伺服控制系统的转矩传动过程进行描述。

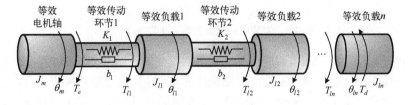

图 4-2　机电伺服控制系统弹簧质量模型

弹簧质量模型是一种简化模型，它忽略了传动过程中的一些非线性因素。基于图 4-2 的弹簧质量模型数学表达式如下：

$$
\begin{cases}
T_e - T_{l1} = J_m \dfrac{\mathrm{d}\omega_m}{\mathrm{d}t} \\
T_{l1} = K_1(\theta_m - \theta_{l1}) + b_1(\omega_m - \omega_{l1}) \\
T_{l1} - T_{l2} = J_{l1} \dfrac{\mathrm{d}\omega_{l1}}{\mathrm{d}t} \\
\vdots \\
T_{ln} = K_n(\theta_{l(n-1)} - \theta_{ln}) + b_n(\omega_{l(n-1)} - \omega_{ln}) \\
T_{ln} - T_d = J_{ln} \dfrac{\mathrm{d}\omega_{ln}}{\mathrm{d}t}
\end{cases}
\tag{4.1}
$$

式中，$n$ 代表传动环节的个数；$T_e$ 为电机转矩；$T_{ln}$ 为各个传动负载端的转矩；$J_m$ 为电机的转动惯量；$J_{ln}$ 为各个传动负载的等效转动惯量；$\theta_m$ 为电机机械角度；$\theta_{ln}$ 为各个负载端的角度位置；$\omega_m$ 为电机角速度；$\omega_{ln}$ 为各个负载端的角速度；$K_n$ 为各个传动环节的刚度系数；$b_n$ 为各个传动环节的黏滞阻尼系数；$T_d$ 为负载终端受到的扰动力矩。

由式(4.1)可推导出电机转矩 $T_e$ 和电机角速度 $\omega_m$ 之间的传递函数，进而可以得到系统机械结构的频率特性曲线。理想刚体模型、二质弹簧模型和三质弹簧模型的频率特性曲线示意图如图 4-3 所示。

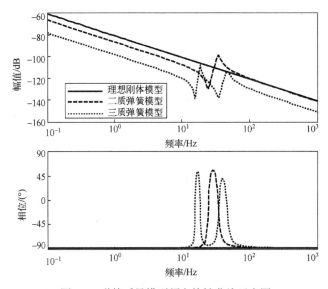

图 4-3　弹簧质量模型频率特性曲线示意图

可以看出，理想纯刚性连接的系统幅频和相频特性曲线均十分平滑，不存在机械谐振问题。而对于包含柔性传动环节的系统，其幅频特性曲线中出现谐振频率点，且在谐振频率附近的相位发生突变。系统每增加一个传动环节，频率特性曲线中就增加一对谐振频率点及一个相位突变波峰。

传递函数的分子和分母中存在二阶环节是机电伺服控制系统产生机械谐振现象的主要原因，谐振环节表达式如下：

$$
G_{\text{fre}}(s) = \frac{s^2 + 2\xi_z \omega_z s + \omega_z^2}{s^2 + 2\xi_p \omega_p s + \omega_p^2}
\tag{4.2}
$$

式(4.2)中含有一对共轭复零点和一对共轭复极点，复零点对应系统的锁定转子谐振频率 $\omega_z$ 和阻尼系数 $\xi_z$，复极点对应系统的谐振频率 $\omega_p$ 和阻尼系数 $\xi_p$。锁定转子谐振频率的含义是如果电机的转子锁定，在此频率处负载将会自由振荡；谐振频率的含义是在此频率处电机和负载处于彼此自由振荡状态。

目前，在永磁同步电机的高精度应用场合，多采用负载与电机直接相连的直驱传动方式。直驱传动方式刚度高、非线性环节少，有利于系统获得更优的动态性能。直驱传动方式下，电机连同负载可等效为如图 4-4 所示的二质弹簧模型。系统由电机转矩 $T_e$ 驱动，$T_l$ 为传递到负载端的转矩，$K_1$、$b_1$ 分别表示等效的机械结构刚度系数和黏滞阻尼系数，$\theta_m$、$\theta_l$ 分别表示电机端和负载端的角度位置，$J_m$、$J_l$ 分别表示电机和负载的等效转动惯量，电机端与负载端的角度位置差值定义为 $\Delta\theta = \theta_m - \theta_l$。

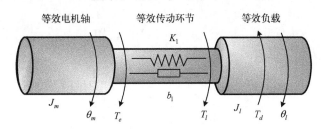

图 4-4　二质弹簧模型

电机端的动力学表达式如下：

$$J_m \frac{\mathrm{d}\omega_m}{\mathrm{d}t} = T_e - T_l \tag{4.3}$$

转矩 $T_l$ 表达式如下：

$$T_l = K_1 \Delta\theta + b_1 \frac{\mathrm{d}(\Delta\theta)}{\mathrm{d}t} = K_1 \Delta\theta + b_1 \Delta\omega \tag{4.4}$$

负载端的动力学表达式如下：

$$J_l \frac{\mathrm{d}\omega_l}{\mathrm{d}t} = T_l - T_d, \quad \frac{\mathrm{d}\theta_l}{\mathrm{d}t} = \omega_l \tag{4.5}$$

由式(4.3)～式(4.5)，可得如图 4-5 所示的二质弹簧模型传递函数框图。

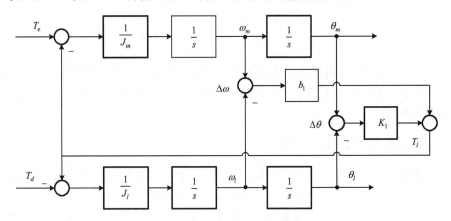

图 4-5　二质弹簧模型传递函数框图

可得，电机角速度 $\omega_m(s)$ 和电机转矩 $T_e(s)$ 之间的传递函数表达式如下：

$$\frac{\omega_m(s)}{T_e(s)} = \frac{1}{s(J_m + J_l)} \times \frac{\dfrac{J_l}{K_1}s^2 + \dfrac{b_1}{K_1}s + 1}{\dfrac{J'}{K_1}s^2 + \dfrac{b_1}{K_1}s + 1} \tag{4.6}$$

式中，$J' = \dfrac{J_m J_l}{J_m + J_l}$。

负载端角速度 $\omega_l(s)$ 与电机转矩 $T_e(s)$ 之间的传递函数表达式如下：

$$\frac{\omega_l(s)}{T_e(s)} = \frac{1}{s(J_m + J_l)} \times \frac{\dfrac{b_1}{K_1}s + 1}{\dfrac{J'}{K_1}s^2 + \dfrac{b_1}{K_1}s + 1} \tag{4.7}$$

式 (4.6) 可改写为如下形式：

$$\frac{\omega_m(s)}{T_e(s)} = \frac{1}{s(J_m + J_l)} \times \frac{\dfrac{1}{\omega_z^{\,2}}s^2 + \dfrac{2\xi_z}{\omega_z^{\,2}}s + 1}{\dfrac{1}{\omega_p^{\,2}}s^2 + \dfrac{2\xi_p}{\omega_p^{\,2}}s + 1} \tag{4.8}$$

式 (4.7) 可改写为如下形式：

$$\frac{\omega_l(s)}{T_e(s)} = \frac{1}{s(J_m + J_l)} \times \frac{\dfrac{2\xi_z}{K_1}s + 1}{\dfrac{1}{\omega_p^{\,2}}s^2 + \dfrac{2\xi_p}{\omega_p}s + 1} \tag{4.9}$$

由式 (4.8)，可得系统的锁定转子谐振频率和其对应的阻尼系数表达式如下：

$$\omega_z = \sqrt{\frac{K_1}{J_l}}, \quad \xi_z = \frac{b_1}{2\sqrt{K_1 J_l}} \tag{4.10}$$

由式 (4.9)，可得系统的谐振频率和其对应的阻尼系数表达式如下：

$$\omega_p = \sqrt{\frac{K_1(J_m + J_l)}{J_m J_l}}, \quad \xi_p = \sqrt{\frac{b_1^{\,2}(J_m + J_l)}{4K_1 J_m J_l}} \tag{4.11}$$

式 (4.10)、式 (4.11) 直观描述了系统的两个谐振频率点与机械结构参数之间的关系。系统的谐振频率和阻尼系数主要取决于机械结构的刚度系数、黏滞阻尼系数以及电机和负载的等效转动惯量数值。

### 4.1.3 机械谐振频率的影响因素

本节从刚度系数和转动惯量两个方面分析其对系统机械谐振频率的影响。首先，分析刚度系数对机电伺服控制系统机械谐振频率的影响。二质弹簧模型中，黏滞阻尼系数、转动惯量等参数不变，刚度系数对系统频率特性的影响如图 4-6 所示。可以看到，刚度系数以 1/10 减小时，系统的两个谐振频率点在频率特性曲线上整体左移；刚度系数以 10 倍增大时，系统的两个谐振频率点在频率特性曲线上整体右移。机械结构的刚度系数越大,系统的锁定转子谐振频率和谐振频率数值越高,相应的阻尼系数越小,有利于系统动态性能的提高。

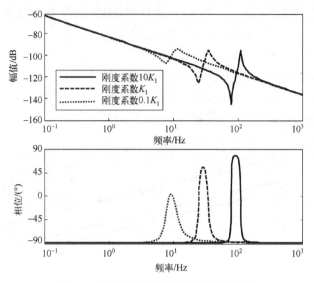

图 4-6　刚度系数对系统频率特性的影响

其次,分析电机和负载的转动惯量对系统的频率特性 $\omega_m(s)/T_e(s)$ 的影响。定义谐振比 $\eta$,表达式如下:

$$\eta = \frac{\omega_p}{\omega_z} = \sqrt{1 + \frac{J_l}{J_m}} \tag{4.12}$$

谐振比 $\eta$ 描述系统的谐振频率和锁定转子谐振频率的比值,主要由电机和负载的转动惯量比值 $J_m/J_l$ 决定。

对锁定转子谐振频率 $\omega_z$ 做标量化处理,假设 $\omega_z = 1$,$\xi_z = 0.01$。谐振比 $\eta$ 不同时(即 $J_m/J_l$ 比值不同时),系统频率特性曲线对比如图 4-7 所示。

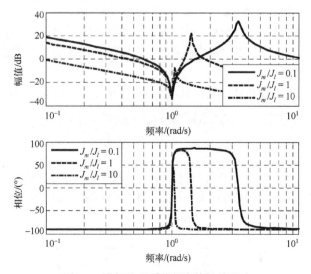

图 4-7　谐振比对系统频率特性的影响

由图 4-7 可以看出，谐振比 $\eta$ 的数值决定着系统两个谐振频率点的分布情况。当 $\eta$ 较大时（$J_m / J_l$ 比值较小，即负载转动惯量较大），谐振频率相对较大，锁定转子谐振频率与谐振频率相距较远，差值较大；当 $\eta$ 较小时（$J_m / J_l$ 比值较大，即负载转动惯量较小），谐振频率相对较小，锁定转子谐振频率与谐振频率相距较近，差值较小。

对两种极限值情况进行分析。

（1）电机转动惯量远大于负载转动惯量（即 $J_m >> J_l$），此时谐振比 $\eta \to 1$。

谐振比 $\eta \to 1$ 时，谐振频率处的共轭极点与锁定转子谐振频率处的共轭零点几乎重合，零极点相消，阻尼系数 $\xi_p \approx \xi_z$。传递函数 $\omega_m(s) / T_e(s)$ 可近似简化为 $1/(J_m s)$，传递函数的伯德图如图 4-8 所示。

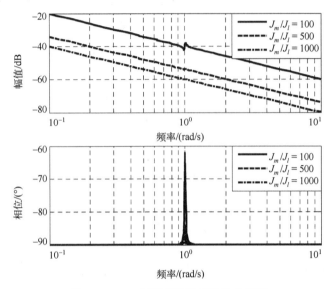

图 4-8　$\eta \to 1$ 时系统传递函数的伯德图

当 $\eta \to 1$ 时，伺服控制系统可依据纯刚体模型 $1/(J_m s)$ 进行控制器设计。如果控制回路带宽足够宽，可以认为电机角速度 $\omega_m$ 与给定角速度 $\omega^*$ 相等（$\omega_m \approx \omega^*$）。但是，值得注意的是，对于机电伺服控制系统来说，其伺服控制的目的是确保最终负载端的角速度和角位置到达预设状态。尽管电机角速度可以无差地跟踪给定角速度，负载端的角速度状态也可能会因为有限的传动刚度而有所不同。

假定角度传感器安装在电机转子处，且 $\omega_m \approx \omega^*$，$\eta \to 1$。此时，传递转矩 $T_l$ 表达式如下：

$$T_l = K_1 \int (\omega^* - \omega_l)\mathrm{d}t + b_1(\omega^* - \omega_l) \tag{4.13}$$

由式（4.13）可得

$$J_l s^2 \omega_l(s) = K_1(\omega^*(s) - \omega_l(s)) + b_1 s(\omega^*(s) - \omega_l(s)) \tag{4.14}$$

进而可得负载端角速度 $\omega_l$ 与给定角速度 $\omega^*$ 之间的传递函数表达式如下：

$$\frac{\omega_l(s)}{\omega^*(s)} = \frac{1 + \dfrac{b_1}{K_1}s}{1 + \dfrac{b_1}{K_1}s + \dfrac{J_l}{K_1}s^2} = \frac{1 + \dfrac{2\xi_z}{\omega_z}s}{1 + \dfrac{2\xi}{\omega_z}s + \dfrac{1}{\omega_z^2}s^2} \tag{4.15}$$

由式(4.15)可以看到，在 $J_m \gg J_l$ 条件下，负载端存在谐振频率点。但是，由于负载转动惯量很小，谐振频率一般较大，甚至可高达几千赫兹。此外，电机角速度中任何与负载端有关的谐振信号也均会被大数值的电机转动惯量滤除。因此，在此条件下，负载端机械结构特性对伺服控制系统控制性能的影响较小，可忽略不计。

（2）电机转动惯量远小于负载转动量（即 $J_m \ll J_l$），此时谐振比 $\eta \gg 1$。

谐振比 $\eta \gg 1$ 时，谐振频率 $\omega_p$ 远大于锁定转子谐振频率 $\omega_z$，传递函数 $\omega_m(s)/T_e(s)$ 的伯德图如图 4-9 所示。

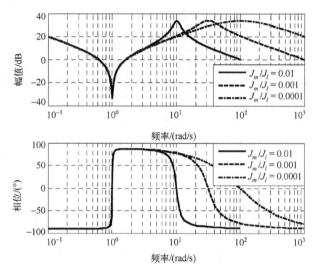

图 4-9　$\eta \gg 1$ 时系统传递函数的伯德图

负载转动惯量远大于电机转动惯量，此时可忽略电机转动惯量的大小。假定负载端角速度跟踪上给定角速度 $\omega_l \approx \omega^*$，可得传递转矩 $T_l$ 表达式如下：

$$T_l = J_l \frac{\mathrm{d}\omega^*}{\mathrm{d}t} \tag{4.16}$$

转矩 $T_l$ 表达式如下：

$$T_l = K_1 \int (\omega^* - \omega_m)\mathrm{d}t + b_1(\omega^* - \omega_m) \tag{4.17}$$

可得电机角速度 $\omega_m$ 和给定角速度 $\omega^*$ 之间满足：

$$J_l s^2 \omega^*(s) = K_1(\omega_m(s) - \omega^*(s)) + b_1 s(\omega_m(s) - \omega^*(s)) \tag{4.18}$$

由式(4.18)可得

$$\frac{\omega_m(s)}{\omega^*(s)} = \frac{J_l s^2 + b_1 s + K_1}{b_1 s + K_1} = \frac{\dfrac{1}{\omega_z^2}s^2 + \dfrac{2\xi_z}{\omega_z}s + 1}{\dfrac{2\xi_z}{\omega_z}s + 1} \tag{4.19}$$

式(4.19)有一对复数零点和一个实数极点，由于零点个数多于极点个数，所以系统对于输入信号的高频信息更加敏感。此时，若扰动转矩 $T_d \neq 0$，电机角速度和电机电磁转矩中也会包含扰动转矩的高频信息。如果电机角速度和电磁转矩的动态响应不包含共轭复零点引起的振荡频率，那么可实现系统稳态。但是，若阻尼系数较小，传递函数中存在较弱的共轭复数零点，则可能导致控制增益无法增大，负载端角速度无法准确跟踪给定角速度。因此，在谐振比 $\eta \gg 1$ 时，通常也将角位置传感器安装在电机转子端。

### 4.1.4 机械谐振对伺服控制系统的影响及仿真分析

本节建立基于二质弹簧模型的机电伺服控制系统仿真模型，分析机械谐振对伺服控制系统闭环控制的影响。

机械结构二质弹簧模型仿真框图如图 4-10 所示，具体参数如下：$J_m = 1687\mathrm{kg \cdot m^2}$，$J_l = 1604\mathrm{kg \cdot m^2}$，$K_1 = 0.43 \times 10^8 \mathrm{N \cdot m/rad}$，$b_1 = 21500\mathrm{N \cdot m/(rad/s)}$。

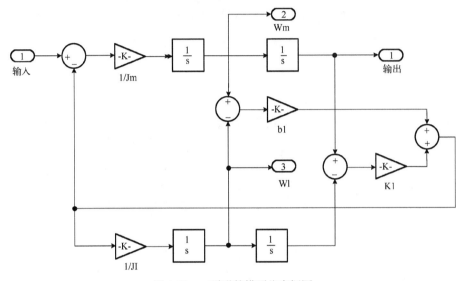

图 4-10 二质弹簧模型仿真框图

对二质弹簧模型进行频率特性仿真，电机角速度 $\omega_m$ 与电机转矩 $T_e$ 之间的传递函数曲线以及负载端角速度 $\omega_l$ 与电机转矩 $T_e$ 之间的传递函数曲线如图 4-11 所示。

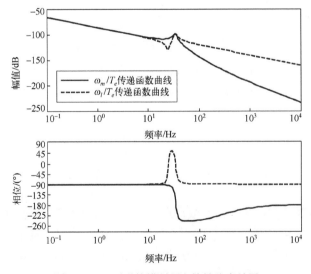

图 4-11 二质弹簧模型频率特性仿真结果

从电机角速度和电机转矩之间的传递函数曲线可以看出，系统存在两个谐振频率点，(24.45Hz, –88.79dB) 和 (34.1Hz, –58.01dB)，一阶锁定转子谐振频率约为 24.45Hz，一阶谐振频率约为 34.1Hz。从负载端角速度和电机转矩之间的传递函数曲线可以看出，存在一个 34.1Hz 谐振频率点，在此频率点处整个机电系统包括电机和负载将出现自由振荡，进入不稳定状态。

在二质弹簧模型的基础上，加入永磁同步电机速度闭环控制的各个环节，以分析机械谐振对速度闭环控制的影响，仿真模型如图 4-12 所示。电机参数具体如下：线包电阻 5.578Ω，绕组电感 105.51mH，转矩系数 34.965N·m/A，磁极对数 20。

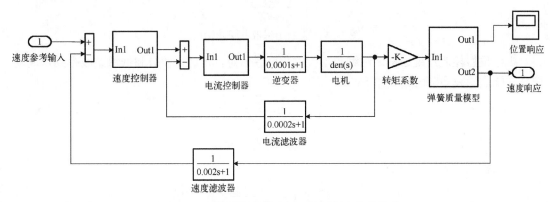

图 4-12　机械谐振对速度闭环控制影响仿真模型

将逆变器环节模型和电机电磁环节模型做简化处理。逆变器环节模型等效为如下传递函数：

$$G_{\text{pwm}}(s) = \frac{k_{\text{pwm}}}{T_{\text{pwm}}s + 1} \tag{4.20}$$

式中，$T_{\text{pwm}} = 0.0001\text{s}$ 为空间矢量脉宽调制周期（调制频率 10kHz）；增益 $k_{\text{pwm}}$ 取 1。

电机电磁环节模型等效为如下传递函数：

$$G_{\text{motor}}(s) = \frac{1}{Ls + R_s} \tag{4.21}$$

式中，$L$ 为电机电感；$R_s$ 为相电阻。

永磁同步电机电流闭环控制结构框图如图 4-13 所示，包括电流控制器环节、逆变器环节和电机电磁环节。从电流闭环控制结构框图可以看到，其中不包含机械传动结构，因此电流闭环响应特性将不受系统机械结构的影响。电流闭环传递函数可等效为一个一阶惯性环节：

$$G_{icl}(s) = \frac{K_c}{T_c s + 1} \tag{4.22}$$

式中，$T_c$ 为电流环等效时间常数，与电流闭环控制带宽有关；$K_c$ 为等效电流环增益。

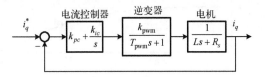

图 4-13　电流闭环控制结构框图

永磁同步电机速度闭环控制结构框图如图 4-14 所示，包括速度控制器环节、电流闭环环节、转矩系数控制、二质弹簧模型环节和滤波器环节。电流闭环控制带宽一般在 100Hz 以上，且逆变器环节的死区延时一般小于 5μs，这些环节的频率一般远大于系统的机械谐振频率。因此，在分析机械谐振对速度环的影响时，可将电流闭环传递函数等效为 1。

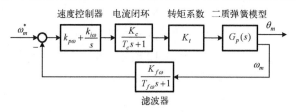

图 4-14 速度闭环控制结构框图

机电伺服控制系统通常采用编码器检测角位置信息，再进行差分和低通滤波得到角速度信息。低通滤波环节表达式如下：

$$G_{f\omega}(s) = \frac{K_{f\omega}}{T_{f\omega}s + 1} \tag{4.23}$$

式中，$T_{f\omega}$ 为滤波器时间常数；$K_{f\omega}$ 为滤波器增益，一般取 1。

速度控制器表达式如下：

$$G_{c\omega}(s) = k_{p\omega} + \frac{k_{i\omega}}{s} \tag{4.24}$$

式中，$k_{p\omega}$ 为比例控制增益；$k_{i\omega}$ 为积分控制增益。

可得，速度开环传递函数表达式如下：

$$G_{\omega o}(s) = K_t G_\omega(s) G_p(s) G_{f\omega}(s) \tag{4.25}$$

由式 (4.25) 可以看到，系统机械传动结构包含在速度环的开环传递函数中，因此机电伺服控制系统的机械结构特性会影响速度环的控制性能。

在速度环其他环节参数完全相同的条件下，总转动惯量相同的理想刚体模型和二质弹簧模型的速度开环频率特性曲线对比如图 4-15 所示。

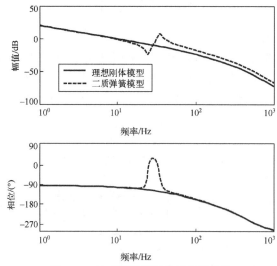

图 4-15 速度开环频率特性曲线对比

　　由图 4-15 可以看出,基于二质弹簧模型和理想刚体模型的速度开环频率特性的区别主要体现在以下两个方面:①二质弹簧模型下,速度开环频率曲线在谐振频率处出现幅值和相位的突变;②在相频特性曲线穿越−180°时,基于二质弹簧模型的传递函数幅频增益大于理想刚体模型,因此降低了机电伺服控制系统的幅值裕度。特别是在谐振频率处,系统幅值裕度降低,这代表伺服控制系统的稳定裕度降低,速度环的控制增益和闭环控制带宽将受到限制。

　　速度闭环传递函数表达如下:

$$G_{\omega cl}(s) = \frac{K_t G_\omega(s) G_p(s)}{1 + G_{f\omega}(s) K_t G_\omega(s) G_p(s)} \tag{4.26}$$

　　对速度闭环传递函数进行频率特性分析,如图 4-16 所示。可以看到,基于二质弹簧模型的速度闭环幅频特性曲线和相频特性曲线在谐振频率点处均出现较大幅度的变化。首先,在锁定转子谐振频率点处,系统的幅频数值产生向下突变;其次,在谐振频率点处,系统的幅频数值产生向上突变。在机械谐振频率点附近,机电伺服控制系统的控制性能将非常不稳定。

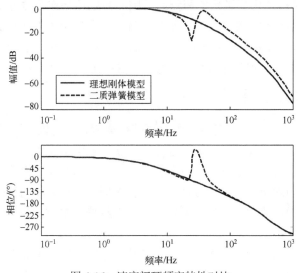

图 4-16　速度闭环频率特性对比

　　机械谐振频率限制速度环的闭环控制带宽,为了保证机电伺服控制系统的稳定性,通常速度控制带宽取值不大于锁定转子谐振频率的 1/2。为了提高机电伺服控制系统的性能,研究人员针对机械谐振的抑制问题也开展了相关研究。机械谐振的抑制方法分为两类:主动式和被动式。主动式方法主动改变系统控制器结构或参数,包括基于极点配置的 PI 控制方法、状态反馈法、加速度反馈控制等。被动式方法则针对机械谐振使用校正或补偿措施,不影响系统的控制器结构。陷波器方法是典型的被动式方法,通过陷波器降低谐振频率点的幅值增益,有效减少机械谐振带来的影响。目前,陷波器方法在解决机械谐振问题上应用较为广泛,具体设计原理将在第 5 章进行详细介绍。

## 4.2　机电伺服控制系统模型辨识

　　机电伺服控制系统的模型辨识是实现高精度控制的关键步骤,准确的控制模型可为伺服控制系统设计提供良好的依据。

通常，机电伺服控制系统的模型辨识包含如下两部分内容：

(1) 系统频率特性测试，采用电压或电流激励信号对系统进行充分激励，同步记录系统的输入和输出数据，并通过数据处理方法获得系统频率特性曲线；

(2) 基于系统频率特性测试的输入和输出数据，采用模型辨识方法获取系统控制模型。

### 4.2.1 机电伺服控制系统频率特性测试

系统的频率特性包括幅频特性和相频特性，它们分别表示系统在不同频率处输出信号与输入信号的幅值比和相位差。系统频率特性测试方法按照输入信号的种类可以分为随机信号激励法、正弦扫频法和白噪声激励法等。其中，正弦扫频法具有辨识速度快、辨识精度高、重复性好等优点，在控制系统中得到了广泛的应用。本节以正弦扫频法为例，对系统频率特性测试过程进行介绍。

系统频率特性测试包括时域信号激励和频域特性估计两部分内容，具体如下。

(1) 时域信号激励：选用恰当幅值和频率范围的激励信号作为输入信号，驱动机电伺服控制系统克服死区小幅运动，并实时同步采集系统的速度或位置响应数据。

(2) 频域特性估计：采用谱分析数据处理方法，对系统频率特性测试过程中采集的输入输出时域数据做数学处理，得到系统传递函数，并生成频率特性曲线。

1. 频率特性测试系统配置

永磁同步电机采用 $i_d = 0$ 的矢量控制方法可获得类似直流电机的控制方式。断开速度环，$d$ 轴和 $q$ 轴电流环保持闭环控制，施加一定幅值的 $q$ 轴电流参考输入，电机将启动运行。因此，可以采用两种方法对系统进行开环频率特性测试：①断开 $q$ 轴电流控制器，在 $q$ 轴电流控制器输出端对系统施加电压正弦扫频信号，并实时同步记录系统的编码器响应数据；②断开速度控制器，在 $q$ 轴电流控制器的参考输入端对系统施加电流正弦扫频信号，并实时同步记录系统的编码器响应数据。

采用方法①进行测试，可获得包括驱动放大部分、电机部分和机械耦合部分的频率特性；采用方法②进行测试，可获得包括电流闭环部分、驱动放大部分、电机部分和机械耦合部分的频率特性。由于机电伺服控制系统的电流闭环控制带宽通常比较宽，因此电流环的引入对辨识模型的影响很小。采用方法②对机电伺服控制系统进行频率特性测试时，系统结构框图如图4-17所示。

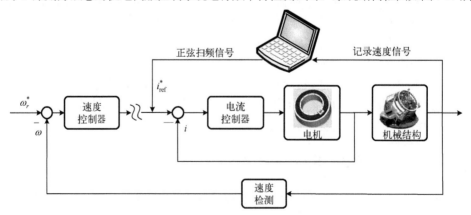

图 4-17 机电伺服控制系统频率特性测试结构框图

正弦扫频信号的表达式如下：

$$u(t) = A\sin(2\pi\omega(t)) \tag{4.27}$$

式中，$\omega(t) = f_0(1+ct^n)t$ 为扫频频率，$c = \dfrac{f_T / f_0 - 1}{(n+1)T^n}$，$f_0$、$f_T$ 分别为扫频的起点频率和截止频率，$n$ 为阶次，$T$ 为扫频测试时间；$A$ 为扫频信号幅值。正弦扫频信号将按照频率由小到大的顺序输入并激励系统，测试在扫频范围内系统的频率特性。

需要注意的是，应合理选择正弦激励信号的幅值，以保证频率特性测试的准确性。扫频信号幅值太小，会导致系统死区非线性现象明显，系统可能无法克服轴系摩擦力，从而造成系统输出响应较弱甚至没有。扫频信号的幅值太大会导致系统出现大幅度振荡，影响机电系统的安全；此外，若幅值过大，会导致系统驱动饱和，进入非线性工作状态，测试结果将不准确。

2. 频率特性测试数据处理方法

通过对系统进行正弦扫频测试，可同步获得扫频激励信号 $u$ 和系统响应信号 $y$。对输入输出信号做进一步处理和分析，便可得到机电伺服控制系统的频率特性曲线。

通常采用谱分析法对频率特性测试的输入输出数据进行处理。假设输入输出序列的采样数据长度为 $N$，将数据平均分成 $n$ 段。第 $i$ 段的输入和输出序列分别为 $u_i$ 和 $y_i$（$i = 1, \cdots, n$）；对输入输出序列 $u_i$ 和 $y_i$ 分别进行傅里叶变换，可得 $U_i(\omega)$ 和 $Y_i(\omega)$。

输入激励信号的功率谱密度函数表达式如下：

$$P_{uu}(\omega) = \frac{2}{nT}\sum_{i=1}^{n}|U_i(\omega)|^2 \tag{4.28}$$

输出响应信号的功率谱密度函数表达式如下：

$$P_{yy}(\omega) = \frac{2}{nT}\sum_{i=1}^{n}|Y_i(\omega)|^2 \tag{4.29}$$

输入输出信号的交叉功率谱密度函数表达式如下：

$$P_{uy}(\omega) = \frac{2}{nT}\sum_{i=1}^{n}U_i^*(\omega)Y_i(\omega) \tag{4.30}$$

式中，$U_i^*(\omega)$ 表示 $U_i(\omega)$ 的共轭；$T = nt_s$ 表示每段数据总的采样时间，$t_s$ 表示数据采样周期。

由式 (4.28)～式 (4.30) 的功率谱密度函数，可估计系统传递函数，并获得系统的频率特性曲线。传递函数表达式如下：

$$\hat{G}(\omega) = \frac{P_{uy}(\omega)}{P_{uu}(\omega)} \tag{4.31}$$

为了评价谱分析法估计系统频域特性的准确性，定义如下相干函数：

$$\varphi(\omega) = \frac{|P_{uy}(\omega)|^2}{P_{uu}(\omega)P_{yy}(\omega)} \tag{4.32}$$

相干函数 $\varphi(\omega)$ 在 0～1 取值。其数值为 1 时，代表系统的输入输出数据没有受到干扰，线性关系较好。$\varphi(\omega)$ 的数值会受到系统中一些非线性扰动因素的影响，出现波动和降低的现象。

## 4.2.2　机电伺服控制系统模型辨识方法

机电伺服控制系统的模型辨识，其意义主要在于获取被控对象的数学模型。设计人员可据此进行后续伺服控制系统控制器设计，以期达到理想的性能要求。目前，机电伺服控制系统控制模型的辨识方法有多种，包括参数递阶方法、Levy 法、特征系统实现算法、OKID（Observer/Kalman Filter Identification）等。本节将对基于 Hankel 矩阵的特征系统实现算法进行介绍，该方法可同时对系统的阶次和参数进行辨识，获得被控系统的数学模型。

1.　基于 Hankel 矩阵求取参数矩阵

由于系统频率特性测试的输入输出数据均为时间上的离散采样数据，因此采用离散状态空间模型对被控对象进行描述：

$$\begin{cases} x_{k+1} = Ax_k + Bu_k \\ y_k = Cx_k + Du_k \end{cases} \tag{4.33}$$

式中，$x_k$ 为系统状态向量；$u_k$ 为系统输入向量；$y_k$ 为系统输出向量；$A$ 为状态矩阵；$B$ 为输入矩阵；$C$ 为输出矩阵；$D$ 为反馈矩阵。

对于一个具有 $s$ 个输入、$f$ 个输出的系统，其 $p$ 阶可控矩阵 $C_p$ 和可观矩阵 $O_p$ 表达如下：

$$C_p = [B \quad AB \quad A^2B \quad \cdots \quad A^{p-1}B] \tag{4.34}$$

$$O_p = [C \quad CA \quad CA^2 \quad \cdots \quad CA^{p-1}]^T \tag{4.35}$$

式中，$p \geq \max(s,f)$。可控矩阵和可观矩阵的维数分别为 $n \times (s \times p)$ 和 $(f \times p) \times n$。假设 $s \times p > n$，$f \times p > n$，$n$ 为系统的阶次。

系统可控格拉姆矩阵表达如下：

$$W_c(p) = C_p C_p^T \tag{4.36}$$

系统可观格拉姆矩阵表达如下：

$$W_o(p) = O_p^T O_p \tag{4.37}$$

假设系统的初始条件为零，输入序列为 $u_0 = 1$，$u_k = 0$ $(k=1,2,3,\cdots)$，可得

$$\begin{cases} x_0 = 0 \\ x_1 = Ax_0 + Bu_0 = B \\ x_2 = Ax_1 + Bu_1 = AB \\ \vdots \\ x_k = Ax_{k-1} + Bu_{k-1} = A^{k-1}B \end{cases} \tag{4.38}$$

由式（4.38），可得系统的脉冲响应序列表达式如下：

$$\begin{cases} y_0 = D \\ y_1 = CB \\ y_2 = CAB \\ \vdots \\ y_k = CA^{k-1}B \end{cases} \tag{4.39}$$

系统在 $k$ 采样时刻的脉冲响应为 $y_k = CA^{k-1}B$，则定义马尔可夫参数序列：

$$h_k = CA^{k-1}B \tag{4.40}$$

马尔可夫参数序列中包含了系统模型参数（$A,B,C,D$），因此马尔可夫参数序列可用于系统的控制模型辨识。

控制模型辨识的基础是 Hankel 矩阵，Hankel 矩阵 $H_1$、$H_2$ 定义如下：

$$H_1 = \begin{bmatrix} h_1 & h_2 & \cdots & h_p \\ h_2 & h_3 & \cdots & h_{p+1} \\ \vdots & \vdots & & \vdots \\ h_p & h_{p+1} & \cdots & h_{2p-1} \end{bmatrix}, \quad H_2 = \begin{bmatrix} h_2 & h_3 & \cdots & h_{p+1} \\ h_3 & h_4 & \cdots & h_{p+2} \\ \vdots & \vdots & & \vdots \\ h_{p+1} & h_{p+2} & \cdots & h_{2p} \end{bmatrix} \tag{4.41}$$

$H_1$、$H_2$ 与可控矩阵 $C_p$、可观矩阵 $O_p$ 的关系表达式如下：

$$\begin{cases} H_1 = O_p C_p \\ H_2 = O_p A C_p \end{cases} \tag{4.42}$$

在系统辨识过程中，可控矩阵 $C_p$ 和可观矩阵 $O_p$ 是未知的。但是，可以通过系统的脉冲响应得到 $H_1$、$H_2$，再对 $H_1$ 和 $H_2$ 矩阵进行线性分解，便可实现对系统参数矩阵的辨识：

$$\begin{cases} H_1 = PQ \\ H_2 = PAQ \end{cases} \tag{4.43}$$

可得系统矩阵 $A$ 的表达式如下：

$$A = P^+ H_2 Q^+ \tag{4.44}$$

矩阵 $P^+$、$Q^+$ 分别为矩阵 $P$、$Q$ 的伪逆矩阵，满足以下关系：

$$\begin{cases} P^+ = (P^T P)^{-1} P^T \\ Q^+ = Q^T (QQ^T)^{-1} \\ P^+ P = I \\ Q^+ Q = I \end{cases} \tag{4.45}$$

矩阵 $B$ 由矩阵 $Q$ 的前 $s$ 列求取，矩阵 $C$ 由矩阵 $P$ 的前 $f$ 行决定：

$$\begin{cases} B = QE_s, \quad E_s = [I_s \quad 0 \quad \cdots \quad 0]^T \\ C = E_f^T P, \quad E_f = [I_f \quad 0 \quad \cdots \quad 0]^T \end{cases} \tag{4.46}$$

由式（4.44）~式（4.46）可知，先后通过 Hankel 矩阵线性分解和矩阵运算便可以获得系统的参数矩阵 $A$、$B$、$C$。矩阵的线性分解方法有 LU、QR、Cholesky 以及奇异值分解法等，一般通过奇异值分解法得到的状态空间模型更具均衡代表性。

2. Hankel 矩阵的奇异值分解

在系统控制模型中，状态变量 $x_k$ 的维数代表系统的阶次 $n$。系统可观、可控子系统的维数即为系统的阶次，可用可控矩阵 $C_p$ 和可观矩阵 $O_p$ 的最小秩来表示 $n = \min\{\mathrm{rank}[C_p], \mathrm{rank}[O_p]\}$。

由于 Hankel 矩阵的秩可以确定可控子系统和可观子系统的维数，因此对 Hankel 矩阵进行奇异值分解可以确定系统的阶次。

对 Hankel 矩阵 $\boldsymbol{H}_1$ 做奇异值分解，表达如下：

$$\boldsymbol{H}_1 = \boldsymbol{V}\boldsymbol{\Gamma}^2\boldsymbol{U}^{\mathrm{T}} \tag{4.47}$$

式中，$\boldsymbol{U}\boldsymbol{U}^{\mathrm{T}} = \boldsymbol{I}$，$\boldsymbol{V}^{\mathrm{T}}\boldsymbol{V} = \boldsymbol{I}$，矩阵 $\boldsymbol{\Gamma}^2$ 表达如下：

$$\boldsymbol{\Gamma}^2 = \begin{bmatrix} \gamma_1^2 & & & & \\ & \gamma_2^2 & & & \\ & & \ddots & & \\ & & & \gamma_m^2 & \\ & & & & 0 \end{bmatrix} \tag{4.48}$$

式中，$\gamma_i(i=1,2,\cdots,m)$ 是 Hankel 矩阵 $\boldsymbol{H}_1$ 的奇异值，$\lambda_i = \gamma_i^2$ 是对称方阵 $\boldsymbol{H}_1^{\mathrm{T}}\boldsymbol{H}_1$ 的特征值，$\lambda_i > 0$，$\lambda_{m+1} = \cdots = \lambda_p = 0$。

$\boldsymbol{V}$ 和 $\boldsymbol{U}$ 均为正交矩阵，可得

$$\mathrm{rank}[\boldsymbol{H}_1] \leqslant \min\{\mathrm{rank}[\boldsymbol{U}],\mathrm{rank}[\boldsymbol{\Gamma}^2],\mathrm{rank}[\boldsymbol{V}]\} = \mathrm{rank}[\boldsymbol{\Gamma}^2] = m \tag{4.49}$$

由式(4.49)可知，矩阵 $\boldsymbol{H}_1$ 的非零奇异值个数等于 Hankel 矩阵的秩，由此可得系统模型的阶次。

矩阵 $\boldsymbol{H}_1$ 的奇异值是 Hankel 矩阵的范数，它代表着系统每一个状态的重要程度，奇异值越大，对应的系统状态越重要。$\lambda_{m+1} = \cdots = \lambda_p = 0$ 对应那些可控性和可观性均较低的系统状态，它们对系统的动态特性产生的影响较小，通常可以忽略。系统辨识模型阶次的确定是一个很重要的环节，阶次取太小，会导致辨识模型对系统动态特性的描述不完整；阶次取太大，会引入不必要的动态特性，导致后续控制系统设计和优化变得复杂。

由式(4.47)可得如下关系表达式：

$$\boldsymbol{O}_p = \boldsymbol{V}\boldsymbol{\Gamma}, \quad \boldsymbol{C}_p = \boldsymbol{\Gamma}\boldsymbol{U}^{\mathrm{T}} \tag{4.50}$$

进一步，可得系统格拉姆可控矩阵和格拉姆可观矩阵表达式如下：

$$\begin{aligned} W_c(p) &= \boldsymbol{C}_p\boldsymbol{C}_p^{\mathrm{T}} = \boldsymbol{\Gamma}^2 \\ W_o(p) &= \boldsymbol{C}_o^{\mathrm{T}}\boldsymbol{C}_o = \boldsymbol{\Gamma}^2 \end{aligned} \tag{4.51}$$

由式(4.51)可以看出，系统的可控格拉姆矩阵和可观格拉姆矩阵是相等的对角矩阵。这表明辨识状态的可控性和可观性是相等的，辨识出的控制模型具有均衡代表性。

3. 马尔可夫参数获取

若采用脉冲序列对系统进行激励，那么系统对应的脉冲响应数据即可直接构成马尔可夫参数。但是，通常采用正弦扫频信号激励系统，无法直接获取马尔可夫参数，因此需要对频率特性测试的输入输出数据进行处理。

定义马尔可夫参数矩阵：

$$\boldsymbol{H} = [\boldsymbol{D}\ \boldsymbol{CB}\ \boldsymbol{CAB}\ \cdots\ \boldsymbol{CA}^{p-1}\boldsymbol{B}] = [h_0\ h_1\ h_2\ \cdots\ h_p] \tag{4.52}$$

输入和输出矩阵表示如下：

$$U = \begin{bmatrix} u_0 & u_1 & u_2 & \cdots & u_p & \cdots & u_q \\ 0 & u_0 & u_1 & \cdots & u_{p-1} & \cdots & u_{q-1} \\ 0 & 0 & u_0 & \cdots & u_{p-2} & \cdots & u_{q-2} \\ \vdots & \vdots & \vdots & & \vdots & & \vdots \\ 0 & 0 & 0 & \cdots & u_0 & \cdots & u_{q-p} \end{bmatrix}, \quad Y = \begin{bmatrix} y_0 & y_1 & y_2 & \cdots & y_q \end{bmatrix} \tag{4.53}$$

输入和输出矩阵与马尔可夫参数矩阵的关系如下：

$$Y = HU \tag{4.54}$$

如果矩阵 $U$ 是满秩的，则马尔可夫参数矩阵表达式如下：

$$H = YU^+, \qquad U^+ = U^{\mathrm{T}}(UU^{\mathrm{T}})^{-1} \tag{4.55}$$

马尔可夫参数矩阵中包含用于系统辨识的信息，因此再根据前面所述步骤便可得到系统状态空间模型参数。

基于特征系统实现算法可辨识出系统的状态空间模型，利用辨识模型可建立机电伺服控制系统的仿真模型，并进一步对校正控制器进行设计和优化，如图 4-18 所示。

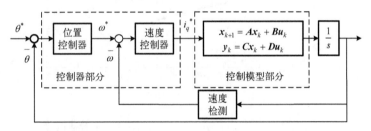

图 4-18　基于辨识模型的机电伺服控制系统仿真模型框图

## 4.2.3　机电伺服控制系统模型辨识举例

以某转台伺服控制系统为例，进行频率特性测试和控制模型辨识。

1. 频率特性测试

在 $q$ 轴电流控制器的参考输入端施加电流正弦扫频信号作为激励，同步记录编码器响应数据，对系统(包括电流闭环控制、驱动放大、电机以及机械结构部分)的频率特性进行测试。电流正弦扫频信号按照式(4.27)进行设计，具体如下：

$$i(t) = 3\sin\left(2\pi\left(0.1\,t + 0.00039\,t^4\right)\right) \tag{4.56}$$

扫频范围设定为 0.1～100Hz；为了使正弦扫频信号在低频段具有足够的扫描激励时间，多项式阶次 $n$ 取值 3；扫频信号幅值设定为 3A，扫频时间 $T$ 设定为 40s。系统进行开环频率特性测试的输入和输出响应曲线如图 4-19 所示。

由扫频信号曲线可以看出，输入信号频率由低到高对系统进行充分激励；由速度响应曲线可以看出，当输入的扫频信号频率到达谐振频率附近时，系统速度响应出现了振荡。采用 4.2.1 节所述的离散傅里叶变换方法，对输入和输出数据进行处理，得到系统的频率特性曲线和相干函数曲线，如图 4-20 和图 4-21 所示。

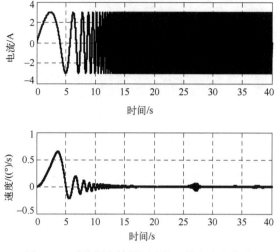

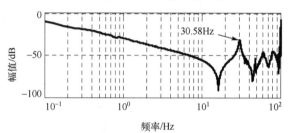

图 4-19　系统频率特性测试输入输出响应曲线

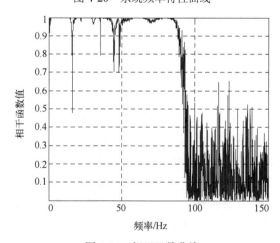

图 4-20　系统频率特性曲线

图 4-21　相干函数曲线

从图 4-20 的频率特性曲线可以看出，该系统的一阶锁定转子谐振频率为 16.41Hz，一阶谐振频率为 30.58Hz。从图 4-21 的相干函数曲线可以看出，在 0.1～87Hz 的频率范围内，相干函数值接近为 1，可认为在此频率范围内，频率特性测试结果准确度较高。由于在锁定转子谐振频率处系统的响应较弱，因此相干函数呈现出较低的幅值。相干函数曲线偶尔出现的毛刺，是系统的扰动和噪声引起的。在 87～100Hz 频率范围内，相干函数值开始下降，系统在这个频率范围内对输入信号的响应较弱，因此可认为在此频率范围内的频率特性测试结果准确度下降。由于关心的系统频率特性集中在低频段和中频段，因此高频段测试结果的失真对伺服控制系统设计影响不大。此外，在正弦扫频范围 0.1～100Hz 以外的相干函数值为假数值，不予参考。

2. 控制模型辨识

采用基于 Hankel 矩阵的特征系统实现模型辨识方法，对上述系统进行控制模型辨识。基于系统频率特性测试的输入和输出数据建立 Hankel 矩阵，通过奇异值分解法进行辨识计算。扫频时间为 40s，采样频率为 1kHz，数据采样 40000 个。马尔可夫参数序列 $p = 30$ 远小于采样数据个数，可以保证输入矩阵的满秩，满足马尔可夫参数的求取条件。马尔可夫参数计算结果如图 4-22 所示。

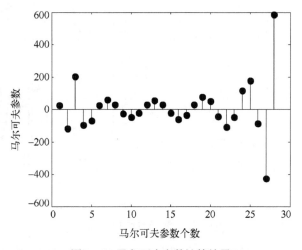

图 4-22　马尔可夫参数计算结果

基于马尔可夫参数可建立 Hankel 矩阵，对矩阵 $H_1$ 做奇异值分解，结果如图 4-23 所示。

由图 4-23 所示的 $H_1$ 奇异值分解结果可以看出，矩阵的奇异值从第 7 个开始幅值大幅度减小，表明第 6 个之后的奇异值所代表的系统状态对系统的动态性能影响相对较小。在控制模型阶次选择的过程中，去掉那些对系统影响较小的状态，以免增加伺服控制器的设计复杂度和难度。因此可选定系统控制模型阶次为 6，进行后续模型参数的辨识。

在确定系统阶次后，进行控制模型参数辨识。基于 Hankel 矩阵 $H_1$ 和 $H_2$，通过特征系统实现算法，便可计算得到状态矩阵 $A$、输入矩阵 $B$、输出矩阵 $C$、反馈矩阵 $D$。为了验证控制模型辨识结果的正确性，将辨识出的控制模型放入机电伺服控制系统仿真模型，画出系统的频率特性曲线，并与系统频率特性实测结果进行对比，如图 4-24 所示。

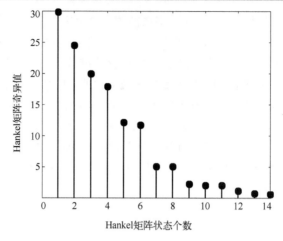

图 4-23　Hankel 矩阵奇异值分解结果

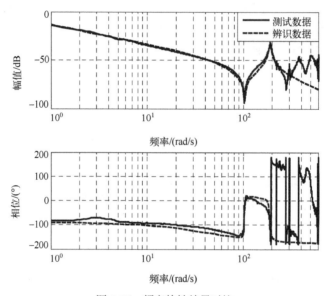

图 4-24　频率特性结果对比

可以看出，基于辨识模型的频率特性曲线与实测频率特性曲线在低频段和中频段均具有较好的一致性。因此，该辨识模型可以较好地反映机电伺服控制系统被控对象的特性。基于辨识出的控制模型进行伺服控制系统设计，可大幅度提高系统控制器的设计精度和优化效率。

## 4.3　小　　结

本章从机械结构建模和控制模型辨识两个方面详细介绍了机电伺服控制系统的建模方法，重点介绍了机械谐振问题、弹簧质量模型、系统频率特性测试方法和控制模型辨识方法四个方面的内容。实现机电伺服控制系统的准确建模，可以更全面地掌握系统被控对象的特性。辨识出的控制模型可为控制器设计提供良好依据，有利于提高伺服控制的优化效率，以及实现机电伺服控制系统的高精度控制。

# 复习思考题

4-1　假设某机电伺服控制系统参数如下：电机转动惯量 $J_m$ 为 20kg·m², 负载转动惯量 $J_l$ 为 370kg·m², 机械结构刚度系数 $K_1$ 为 3050000N·m/rad, 黏滞阻尼系数 $b_1$ 为 245N·m/(rad/s), 建立二质弹簧仿真模型，画出系统的频率特性曲线。

4-2　某电机参数如下：定子电阻 3.46Ω, 定子电感 37.7mH, 转矩常数 29N·m/A, 磁极对数 26。建立基于习题 4-1 中机械结构的机电伺服控制系统仿真模型，仿真分析系统速度闭环控制的频率特性，给出速度闭环频率特性曲线并分析速度闭环控制带宽的范围。

4-3　已知某机电系统的机械结构设计分析含有约 85Hz 左右的谐振频率，采用正弦扫频激励的方法对该谐振频率数值进行测试和辨识，扫频时间 30s, 激励幅值为 10, 给出正弦扫频信号的设计结果。

# 第5章 机电伺服控制系统设计

对于机电伺服控制系统来说，闭环控制器的设计和实现尤为重要。控制器是整个伺服控制系统的核心，良好的控制器可以保证机电伺服控制系统表现出理想的响应性能和应用性能。以永磁同步电机为执行机构的伺服控制系统，通常采用电流控制、速度控制、位置控制由内而外的三闭环串级控制结构。因此，本章首先介绍电流控制器、速度控制器和位置控制器的设计方法及其数字实现；此外，针对机电伺服控制系统中包括转速等反馈信息中存在干扰噪声的问题，介绍相关数字滤波技术；最后，针对机械谐振抑制问题，介绍陷波器的设计和应用方法。读者可参考所述方法快速开展机电伺服控制系统的设计工作。

## 5.1 机电伺服控制系统控制器设计

控制器设计是机电伺服控制系统设计的重要内容，控制器的控制精度决定系统的最终性能。一直以来，PI 控制作为经典控制方法，因其结构简单、便于实现、控制器参数意义明确等优点在机电伺服控制系统中得到了广泛的应用。近年来，随着控制理论的发展，许多先进的控制方法(包括自抗扰控制、滑模控制、模糊控制、观测器以及预测控制等方法)也逐渐被提出并应用到机电伺服控制系统中，获得了良好控制性能。控制器设计一直是伺服控制系统设计人员研究的重点，本节以传统 PI 控制方法为例，介绍机电伺服控制系统的电流环、速度环以及位置环控制器的设计方法。

### 5.1.1 电流控制器设计

电流环作为机电伺服控制系统的最内环，其作用是保证系统电流快速、准确地跟踪参考电流值，提高系统的转矩响应能力。本节主要对机电伺服控制系统的电流控制器设计方法进行介绍。

1. 电流控制器参数设计

永磁同步电机的电流方程表达式如下：

$$\begin{cases} \dfrac{\mathrm{d}i_d}{\mathrm{d}t} = -\dfrac{R_s}{L_d}i_d + \dfrac{P\omega_m L_q}{L_d}i_q + \dfrac{1}{L_d}u_d \\ \dfrac{\mathrm{d}i_q}{\mathrm{d}t} = -\dfrac{R_s}{L_q}i_q - \dfrac{P\omega_m L_d}{L_q}i_d - \dfrac{P\omega_m \psi_f}{L_q} + \dfrac{1}{L_q}u_q \end{cases} \tag{5.1}$$

采用 $i_d = 0$ 的矢量控制方法，$d$、$q$ 轴电流控制可以实现解耦。以 $q$ 轴为例，由输入电压 $U_q(s)$ 到输出电流 $I_q(s)$ 的等效结构框图如图 5-1 所示，其中 $K_b$ 为反电动势系数。

电流 $I_q(s)$ 的表达式如下：

$$I_q(s) = \frac{U_q(s) - K_b\omega_m(s)}{Ls + R_s} \tag{5.2}$$

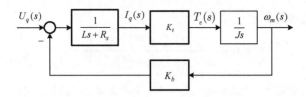

图 5-1　输入电压到输出电流等效结构框图

忽略摩擦等扰动力矩，机械角速度 $\omega_m(s)$ 的表达式如下：

$$\omega_m(s) = \frac{K_t I_q(s)}{Js} \tag{5.3}$$

考虑反电动势的情况下，$q$ 轴电流和电压之间的传递函数表达式如下：

$$\frac{I_q(s)}{U_q(s)} = \frac{Js}{JLs^2 + JR_s s + K_b K_t} \tag{5.4}$$

电流控制器采用传统 PI 控制器进行设计，表达式如下：

$$G_{ic}(s) = k_{pi} + \frac{k_{ii}}{s} \tag{5.5}$$

式中，$k_{pi}$ 为比例增益；$k_{ii}$ 为积分增益。

加入电流环 PI 控制器，电流完成闭环控制，结构框图如图 5-2 所示。

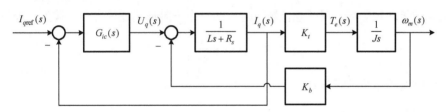

图 5-2　电流闭环控制结构框图

可得电流闭环传递函数表达式如下：

$$\frac{I_q(s)}{I_{qref}(s)} = \frac{k_{pi}s + k_{ii}}{Ls^2 + (R_s + k_{pi})s + k_{ii} + \frac{K_t K_b}{J}} \tag{5.6}$$

在电流闭环控制过程中，积分增益 $k_{ii}$ 通常情况下可满足 $k_{ii} \gg K_t K_b / J$，因此可忽略负载和反电动势对电流闭环控制的影响。加入逆变器和电流滤波器模型，进行电流控制器设计，此时电流闭环控制结构框图可简化如图 5-3 所示。

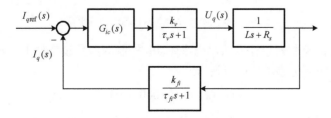

图 5-3　简化电流闭环控制结构框图

电流环开环传递函数表达式如下:

$$G_{io}(s) = \frac{(k_{pi}s + k_{ii})k_{fi}k_v / R_s}{s(\tau_v s + 1)(\tau_{fi}s + 1)(L/R_s s + 1)} \tag{5.7}$$

定义逆变器时间常数 $\tau_v = 0.0001\text{s}$, $k_v = 1$, 电流滤波器时间常数 $\tau_{fi} = 0.0002\text{s}$, $k_{fi} = 1$。$\tau_s = L/R_s$ 为电机电气时间常数, 由于电气时间常数远大于逆变器和滤波器时间常数, 因此可将两个小的时间常数项近似合并为一个时间常数项 $\tau_i = \tau_v + \tau_{fi} = 0.0003\text{s}$。

将电流环设计为典型 I 型系统, 式(5.7)可表达如下:

$$G_{io}(s) = \frac{(k_{pi}/k_{ii}s + 1)k_{ii}/R_s}{s(\tau_i s + 1)(\tau_s s + 1)} = \frac{k_a}{s(\tau_i s + 1)} \tag{5.8}$$

式中, $k_a$ 为电流开环增益。电流控制器需要有能力消除开环传递函数中时间常数较大的项, 即

$$\begin{cases} k_{pi}/k_{ii}s + 1 = \tau_s s + 1 \\ k_{ii}/R_s = k_a \end{cases} \tag{5.9}$$

为了使系统电流环获得良好的控制性能, 兼顾电流响应的稳定性和快速性, 一般取 $k_a\tau_i = 0.5$。由此可以得到电流环 PI 控制器的积分增益和比例增益, 表达式如下:

$$\begin{cases} k_{ii} = k_a R_s \\ k_{pi} = \tau_s k_{ii} = k_a L \end{cases} \tag{5.10}$$

电流完成闭环控制后, 其传递函数可等效为一个一阶低通滤波环节, 表达式如下:

$$G_{icl}(s) = \frac{1}{T_i s + 1} \tag{5.11}$$

式中, $T_i$ 为电流闭环的时间常数。

2. 电流闭环控制仿真分析

某永磁同步电机参数如下: 电阻 $5.578\Omega$, 电感 $105.51\text{mH}$, 转矩系数 $34.965\text{N·m/A}$, 磁极对数 20。对永磁同步电机的电流闭环控制进行仿真分析, MATLAB 仿真框图如图 5-4 所示。

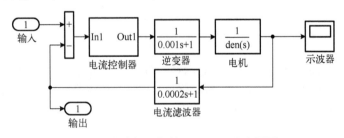

图 5-4　电流闭环控制 MATLAB 仿真框图

根据前面的电流控制器设计方法, 电流环 PI 控制器参数设计如下: $k_{pi} = 105.51$, $k_{ii} = 5578$。此时, 电流闭环传递函数可等效为

$$G_{icl}(s) = 1/(0.0007\,\text{s} + 1) \tag{5.12}$$

电流闭环频率特性曲线如图 5-5 所示, 可以看到电流闭环控制带宽约为 226Hz。给定 0.6A

的电流参考指令,电流闭环阶跃响应曲线如图 5-6 所示,可以看到电流反馈信号快速准确地跟踪给定参考信号,响应时间小于 0.01s 且无超调。

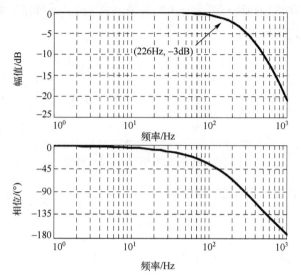

图 5-5　电流闭环频率特性曲线

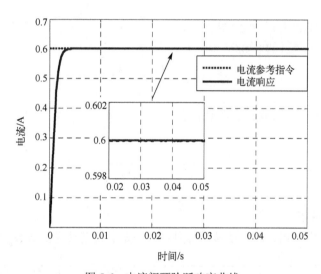

图 5-6　电流闭环阶跃响应曲线

## 5.1.2　速度控制器设计

速度环是机电伺服控制系统三闭环串级控制的中间环,也是最重要的一环。速度环的主要功能是保证系统的动态响应性能,提高系统的抗扰动能力。本节主要对机电伺服控制系统速度闭环控制性能的影响因素和速度控制器设计方法进行介绍。

### 1.　速度闭环控制性能影响因素

通常情况下,电流完成闭环控制后可等效为一阶惯性环节。由于其控制带宽一般均在

100Hz 以上甚至更高，远大于速度环的截止频率，因此，在分析速度闭环控制时可将电流简化看作传递函数为 1 的环节。忽略负载端的扰动转矩，并将机械结构传递函数简化等效为 $1/(Js)$，简化速度闭环控制结构框图如图 5-7 所示。基于此结构框图分析速度闭环控制性能与控制器及系统参数之间的关系。

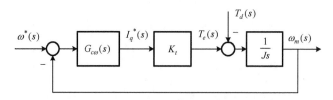

图 5-7　简化速度闭环控制结构框图

速度环被控对象传递函数表达式如下：

$$G_{p\omega}(s) = \frac{K_t}{Js} \tag{5.13}$$

速度控制器采用传统 PI 控制器进行设计，表达式如下：

$$G_{c\omega}(s) = k_{p\omega} + \frac{k_{i\omega}}{s} \tag{5.14}$$

式中，$k_{p\omega}$ 为比例增益；$k_{i\omega}$ 为积分增益。

可得，速度开环传递函数表达式如下：

$$G_{\omega o}(s) = \frac{K_t(k_{p\omega}s + k_{i\omega})}{Js^2} \tag{5.15}$$

进一步可得速度闭环传递函数表达式如下：

$$G_{\omega cl}(s) = \frac{G_{\omega o}(s)}{1 + G_{\omega o}(s)} = \frac{\dfrac{k_{p\omega}}{k_{i\omega}}s + 1}{\dfrac{J}{K_t k_{i\omega}}s^2 + \dfrac{K_t k_{p\omega}}{K_t k_{i\omega}}s + 1} = \frac{a_1 s + 1}{b_2 s^2 + b_1 s + 1} \tag{5.16}$$

### 1）抗扰动能力分析

分析 PI 控制作用下系统的扰动转矩抑制能力。定义扰动传递函数 $G_{\omega d}(s)$ 表达式如下：

$$G_{\omega d}(s) = \frac{\omega_m(s)}{T_d(s)} = -\frac{1}{K_t k_{i\omega}} \cdot \frac{s}{\dfrac{J}{K_t k_{i\omega}}s^2 + \dfrac{K_t k_{p\omega}}{K_t k_{i\omega}}s + 1} = -\frac{1}{K_t k_{i\omega}} \cdot \frac{s}{b_2 s^2 + b_1 s + 1} \tag{5.17}$$

当参考输入 $\omega^*(s)$ 和扰动转矩 $T_d(s)$ 均以阶跃的形式存在，且幅值分别为 $\varOmega^*$ 和 $T_{dis}$ 时，速度响应 $\omega_m(s)$ 的表达式如下：

$$
\begin{aligned}
\omega_m(s) &= G_{\omega cl}(s) \cdot \omega^*(s) + G_{\omega d}(s) \cdot T_d(s) \\
&= \frac{a_1 s + 1}{b_2 s^2 + b_1 s + 1} \cdot \frac{\varOmega^*}{s} - \frac{s}{b_2 s^2 + b_1 s + 1} \cdot \frac{1}{K_t k_{i\omega}} \cdot \frac{T_{dis}}{s} \\
&= \frac{\varOmega^*(a_1 s + 1)}{s(b_2 s^2 + b_1 s + 1)} - \frac{T_{dis}}{K_t k_{i\omega}} \cdot \frac{1}{b_2 s^2 + b_1 s + 1}
\end{aligned}
\tag{5.18}
$$

由式(5.18)可得，系统稳态速度响应表达式如下：

$$\begin{aligned}\omega_m(\infty) &= \lim_{s \to 0}(s\omega_m(s)) \\ &= \lim_{s \to 0}\left[ s \cdot \frac{\Omega^*(a_1 s+1)}{s(b_2 s^2 + b_1 s + 1)} - s \cdot \frac{T_{dis}}{K_t k_{i\omega}} \cdot \frac{1}{b_2 s^2 + b_1 s + 1} \right] \\ &= \lim_{s \to 0}\left[ \frac{\Omega^*(a_1 s+1)}{b_2 s^2 + b_1 s + 1} \right] = \Omega^* \end{aligned} \tag{5.19}$$

由式(5.19)可以看到，稳态时速度响应输出与参考输入相等，扰动转矩幅值的大小并不影响速度响应的稳态值。

由于 PI 控制器中的积分作用，系统对于阶跃形式的扰动转矩具有抑制作用，稳态时速度响应输出可无差跟踪参考输入。但是对于其他类型的扰动转矩，稳态时速度响应会产生一定的误差。例如，对于斜坡形式的扰动转矩 $T_d(s) = T_{dis}/s^2$，此时的系统稳态速度响应表达式如下：

$$\begin{aligned}\omega_m(\infty) &= \lim_{s \to 0}(s\omega_m(s)) \\ &= \lim_{s \to 0}\left[ \frac{\Omega^*(a_1 s+1) - \dfrac{T_{dis}}{K_t k_{i\omega}}}{b_2 s^2 + b_1 s + 1} \right] = \Omega^* - \frac{T_{dis}}{K_t k_{i\omega}} \end{aligned} \tag{5.20}$$

可以看出，非阶跃形式的扰动转矩改变了速度响应稳态值，速度稳态误差与扰动斜率成正比，与积分增益成反比。

**2) 阶跃响应分析**

分析 PI 控制作用下的速度阶跃响应性能。假定此时的扰动转矩 $T_d(s)=0$，参考输入是幅值为 $\Omega^*$ 的阶跃指令，速度响应表达式如下：

$$\omega_m(s) = G_{\omega cl}(s) \cdot \omega^*(s) = \frac{a_1 s + 1}{b_2 s^2 + b_1 s + 1} \cdot \frac{\Omega^*}{s} \tag{5.21}$$

速度闭环传递函数分母中的二阶项 $b_2 s^2 + b_1 s + 1$ 为系统的闭环特征多项式，有两个闭环极点，分别为 $s_1$ 和 $s_2$，表达式如下：

$$s_1 = -\frac{b_1}{2b_2} + \frac{1}{2b_2}\sqrt{b_1^2 - 4b_2} = -\frac{B + K_t k_{p\omega}}{2J} + \frac{1}{2}\sqrt{\frac{(B + K_t k_{p\omega})^2}{J^2} - \frac{4K_t k_{i\omega}}{J}} \tag{5.22}$$

$$s_2 = -\frac{b_1}{2b_2} - \frac{1}{2b_2}\sqrt{b_1^2 - 4b_2} = -\frac{B + K_t k_{p\omega}}{2J} - \frac{1}{2}\sqrt{\frac{(B + K_t k_{p\omega})^2}{J^2} - \frac{4K_t k_{i\omega}}{J}} \tag{5.23}$$

一般情况下，稳定系统的闭环极点分布具有如下两种情况：

(1) $b_1^2 - 4b_2 \geqslant 0$ 且 $b_1 > 0$，$b_2 > 0$，此时 $s_1$ 和 $s_2$ 均为负实数极点；

(2) $b_1^2 - 4b_2 < 0$，此时 $s_1$ 和 $s_2$ 为共轭复数极点 $-\sigma \pm j\omega_0$，实数部分为 $\sigma = -b_1/(2b_2)$。系统复数极点的绝对值 $|s_1| = |s_2| = \sqrt{\sigma^2 + \omega_0^2}$ 定义为系统的固有振荡频率 $\omega_n$。

定义实数部分幅值与极点幅值的比值 $\xi = \sigma/\omega_n$ 为阻尼系数；当阻尼系数小于 1 时，系统的闭环极点为复数。有研究人员专门分析了系统阻尼系数对阶跃响应的影响，结果表明，在假定系统闭环传递函数无零点且有两个闭环极点的条件下，当系统闭环极点为实数时，速度阶跃响应将不会出现振荡现象；当系统闭环极点为共轭复数时，速度阶跃响应在频率 $\omega_0$ 处将出现振荡现象，且振荡以指数形式逐渐衰减消失。阻尼系数越大，振荡衰减的速度越快。由式(5.16)可以看出，系统的闭环传递函数有一个零点 $z_1 = -k_{i\omega}/k_{p\omega}$ 和两个闭环极点。零点 $z_1$ 的存在会让系统的阶跃响应与上面描述稍有不同。

由式(5.22)、式(5.23)可以看出，系统的闭环零极点分布与被控对象的转动惯量、转矩系数以及速度控制器的比例增益和积分增益等均相关。伺服控制系统设计人员无法改变被控对象参数，但是可以通过调节控制器增益来调整系统极点配置，使得速度响应达到期望性能。

系统闭环特征方程可表达如下：

$$s^2 + \frac{b_1}{b_2}s + \frac{1}{b_2} = s^2 + 2\sigma s + \omega_n^2 = s^2 + 2\xi\omega_n s + \omega_n^2 \tag{5.24}$$

由式(5.24)可得控制器增益与系统阻尼和固有振荡频率之间的关系：$\omega_n = \sqrt{K_t k_{i\omega}/J}$，$\xi = K_t k_{p\omega}/(2J\omega_n)$。系统固有振荡频率 $\omega_n$ 与 PI 控制器的积分增益 $k_{i\omega}$ 成正比，若积分增益保持不变，则系统固有振荡频率保持不变。系统阻尼系数 $\xi$ 与 PI 控制器的比例增益 $k_{p\omega}$ 成正比，与固有振荡频率 $\omega_n$ 成反比。因此，可通过调整比例增益实现对阻尼系数的调节。为确保阻尼系数在一定的理想数值区间，需要将 $k_{p\omega}^2/k_{i\omega}$ 的比值稳定在一定区间。

首先，调整积分增益 $k_{i\omega}$，保持 $\omega_n$ 为一定数值；再调整比例增益 $k_{p\omega}$，实现对系统阻尼系数 $\xi$ 的调节；阻尼系数 $\xi$ 分别取值 0.2、0.5、1.0 和 2.0 的条件下，系统的速度阶跃响应如图 5-8 所示。可以看到，当阻尼系数 $\xi<1$ 时，速度响应出现大幅振荡，并呈现较大的超调量；当阻尼系数 $\xi \geqslant 1$ 时，速度响应平缓，振荡幅值降低，并呈现较小的超调量。

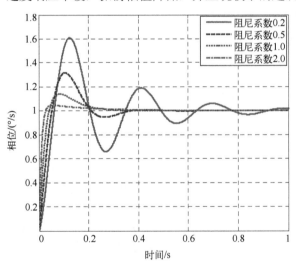

图 5-8　速度阶跃响应(不同阻尼系数)

在实际的工程应用中，通常通过配置控制器使系统获得共轭复数极点，并调整阻尼系数满足 $0.5 < \xi < 1$，以期获得良好的速度控制效果。

2. 速度控制器参数设计

目前，机电伺服控制系统速度环 PI 控制器参数的设计方法有多种，本节选取其中的 3 种典型方法(包括工程设计法、频域设计法和有功阻尼法)进行介绍。读者在进行控制系统设计时可依据本节所述方法进行控制器参数的初步整定,具体的参数取值还需根据系统的实际情况和性能指标要求进行多次迭代与调整。

### 1)工程设计法

首先,介绍基于工程设计法的速度环 PI 控制器参数设计方法。速度闭环控制结构框图如图 5-9 所示,将电流闭环等效为一阶惯性环节进行速度闭环控制。此外,通常情况下,速度检测输出需经过低通滤波处理,因此在速度闭环控制中加入低通滤波环节。

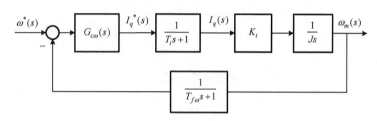

图 5-9　速度闭环控制结构框图

为了控制器设计方便,将速度控制回路中的小惯性环节做近似等效合并处理,等效速度闭环控制结构框图如图 5-10 所示,其中 $T_r = T_i + T_{f\omega}$。

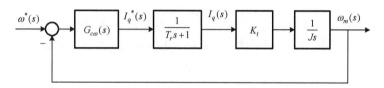

图 5-10　等效速度闭环控制结构框图

速度环 PI 控制器表达式如下:

$$G_{c\omega}(s) = k_{p\omega} + \frac{k_{i\omega}}{s} = k_{p\omega} \frac{\tau_\omega s + 1}{\tau_\omega s} \tag{5.25}$$

此时,速度开环传递函数表达式为

$$G_{\omega o}(s) = \frac{k_{p\omega}(\tau_\omega s + 1)}{\tau_\omega s} \cdot \frac{1}{T_r s + 1} \cdot \frac{K_t}{Js} = \frac{K_t k_{p\omega}(\tau_\omega s + 1)}{J\tau_\omega s^2 (T_r s + 1)} = \frac{K_s(\tau_\omega s + 1)}{s^2 (T_r s + 1)} \tag{5.26}$$

式中, $K_s = \frac{K_t k_{p\omega}}{J\tau_\omega}$ 为速度开环增益。

式(5.26)开环传递函数对应的典型频率特性曲线示意图如图 5-11 所示。定义 $h = \tau_\omega / T_r$ 为系统的中频(−20dB/dec)带宽,由开环频率特性曲线可以看出,速度控制的开环截止频率 $\omega_c$ 和中频带宽 $h$ 由控制器参数决定。中频带宽决定系统的响应速度;截止频率对应的相位裕度决定系统的稳定性。因此,控制器参数的设计过程就是对中频带宽 $h$ 和截止频率 $\omega_c$ 进行调整与优化的过程。

工程设计法即将速度环设计为典型 II 型系统。在确定中频带宽 $h$ 后,利用振荡指标法整定开环截止频率 $\omega_c = (1/hT_r + 1/T_r)/2$,可将两个参数 $h$ 和 $\omega_c$ 的选取问题简化为仅对中频带宽 $h$ 的整定。PI 控制器参数表达式如下:

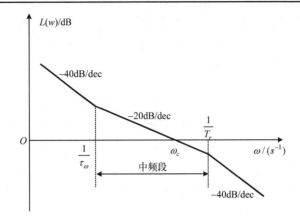

图 5-11　典型 II 型系统频率特性曲线

$$\begin{cases} \tau_\omega = hT_r \\ K_s = \dfrac{h+1}{2h^2T_r^2} \end{cases} \tag{5.27}$$

一般情况下，中频带宽 $h$ 取值 5 时，系统的速度动态响应和抗扰动性能可取得一个折中的效果。

有参考文献介绍了基于工程设计法的另一种参数整定方法，中频带宽 $h$ 与 PI 控制器的积分增益有关，开环截止频率 $\omega_c$ 与比例增益有关，PI 控制器参数表达式如下：

$$\begin{cases} \tau_\omega = hT_r \\ k_{p\omega} = \dfrac{J}{K_t}\omega_c \end{cases} \tag{5.28}$$

由式(5.28)可以看出，积分增益 $k_{p\omega}$ 与中频带宽 $h$ 成反比，选定开环截止频率 $\omega_c$ 后，比例增益 $k_{p\omega}$ 与转动惯量 $J$ 成正比。

在控制器参数设计过程中，保持如下公式成立：

$$\omega_c\tau_\omega = m \tag{5.29}$$

式中，$m$ 为恒定数值。

可得

$$k_{p\omega}\tau_\omega = m\dfrac{J}{K_t} \tag{5.30}$$

由此，可以确定 PI 控制器参数的表达式为

$$\begin{cases} \tau_\omega = hT_r \\ k_{p\omega} = \dfrac{Jm}{K_t hT_r} \end{cases} \tag{5.31}$$

**2) 频域设计法**

下面介绍一种基于频域设计法的速度环 PI 控制器参数设计方法，频域设计法根据预设的速度环截止频率和相角裕度来整定 PI 控制器的参数，使系统速度环具有明确的频域性能指

标，同时也兼顾时域性能指标。

根据式(5.26)速度开环传递函数，假定开环截止频率为 $\omega_c$，相角裕度为 $\varphi_{\omega m}$，有如下表达式成立：

$$\begin{cases} \left| G_{\omega o}(\mathrm{j}\omega_c) \right| = 1 \\ \angle G_{\omega o}(\mathrm{j}\omega_c) = -\pi + \varphi_{\omega m} \end{cases} \tag{5.32}$$

进一步可得

$$\begin{cases} \dfrac{K_s \sqrt{\omega_c^2 \tau_\omega^2 + 1}}{\omega_c^2 \sqrt{\omega_c^2 T_r^2 + 1}} = 1 \\ \arctan(\tau_\omega \omega_c) - \pi - \arctan(T_r \omega_c) = -\pi + \varphi_{\omega m} \end{cases} \tag{5.33}$$

从而可得速度环 PI 控制器参数设计表达式如下：

$$\begin{cases} \tau_\omega = \dfrac{\tan(\varphi_{\omega m} + \arctan(T_r \omega_c))}{\omega_c} \\ k_{p\omega} = \dfrac{J \tau_\omega \omega_c^2 \sqrt{\omega_c^2 T_r^2 + 1}}{K_t \sqrt{\omega_c^2 \tau_c^2 + 1}} \end{cases} \tag{5.34}$$

为了降低控制器参数设计的复杂度，定义速度环相角裕度调节系数 $\lambda$，表达式如下：

$$\lambda = \omega_c^* \tau_\omega \tag{5.35}$$

式中，$\omega_c^*$ 为期望速度开环截止频率。在速度开环截止频率 $\omega_c$ 处，由 PI 控制器带来的相角滞后为 $\arctan \lambda - \pi / 2$。一般情况下，速度环相角裕度调节系数 $\lambda \geqslant 5$。

由此，速度环 PI 控制器参数设计的表达式如下：

$$\begin{cases} \tau_\omega = \lambda / \omega_c \\ k_{p\omega} = \dfrac{J \lambda \omega_c \sqrt{\omega_c^2 T_r^2 + 1}}{K_t \sqrt{\lambda^2 + 1}} \end{cases} \tag{5.36}$$

在实际的机电伺服控制系统中，若速度开环截止频率 $\omega_c$ 远小于电流闭环控制带宽和速度低通滤波的截止频率，则可得

$$\omega_c T_r \to 0 \tag{5.37}$$

根据式(5.37)，速度环 PI 控制器参数设计可简化为

$$\begin{cases} \tau_\omega = \lambda / \omega_c \\ k_{p\omega} = \dfrac{J \lambda \omega_c}{K_t \sqrt{\lambda^2 + 1}} \end{cases} \tag{5.38}$$

此时，速度环相角裕度可近似表达如下：

$$\varphi_{\omega m} = \arctan(\tau_\omega \omega_c) = \arctan(\lambda) \tag{5.39}$$

由式(5.38)和式(5.39)可知，在速度开环截止频率 $\omega_c$ 确定的条件下，调节相角裕度调节系数 $\lambda$ 便可调整伺服控制系统的相角裕度，通过整定控制器参数实现对速度响应性能的优化。

### 3) 有功阻尼法

有功阻尼法是一种基于带宽设计的速度环 PI 控制器参数整定方法。下面对有功阻尼法的参数设计过程进行介绍。

永磁同步电机的运动方程和转矩方程表达式如下:

$$\begin{cases} J\dfrac{\mathrm{d}\omega_m}{\mathrm{d}t} = T_e - T_d - B\omega_m \\ T_e = \dfrac{3}{2}Pi_q[i_d(L_d - L_q) + \psi_f] \end{cases} \tag{5.40}$$

定义有功阻尼系数 $B_a$,满足如下表达式:

$$i_q = i_q^* - B_a\omega_m \tag{5.41}$$

假定扰动转矩 $T_d = 0$,可得

$$\frac{\mathrm{d}\omega_m}{\mathrm{d}t} = \frac{3P\psi_f}{2J}(i_q^* - B_a\omega_m) - \frac{B}{J}\omega_m \tag{5.42}$$

将式(5.42)的极点配置到期望的闭环控制带宽 $\alpha$, $q$ 轴电流 $i_q^*(s)$ 和角速度 $\omega_m(s)$ 之间的传递函数表达式如下:

$$\omega_m(s) = \frac{1.5P\psi_f}{J(s + \alpha)}i_q^*(s) \tag{5.43}$$

可得有功阻尼系数表达式如下:

$$B_a = \frac{\alpha J - B}{1.5P\psi_f} \tag{5.44}$$

采用 PI 控制器,速度控制表达式如下:

$$i_q{}' = \left(k_{p\omega} + \frac{k_{i\omega}}{s}\right)(\omega_m^* - \omega_m) - B_a\omega_m \tag{5.45}$$

由此,可得速度环 PI 控制器的参数设计表达式如下:

$$\begin{cases} k_{p\omega} = \dfrac{\alpha J}{1.5P\psi_f} \\ k_{i\omega} = \alpha k_{p\omega} \end{cases} \tag{5.46}$$

由式(5.46)可以看出,利用有功阻尼法进行控制器设计,参数调整与系统动态响应性能的关系十分明确。

### 3. 速度闭环控制仿真分析

在 5.1.1 节电流闭环控制的基础上,进行速度闭环控制仿真分析。MATLAB 仿真框图如图 5-12 所示,将第 4 章的机械结构模型引入仿真模型,具体参数如下: $J_1 = 1687\mathrm{kg}\cdot\mathrm{m}^2$, $J_2 = 1604\mathrm{kg}\cdot\mathrm{m}^2$, $K_1 = 0.38\times10^8\mathrm{N}\cdot\mathrm{m/rad}$, $b_1 = 0.205\times10^5\mathrm{N}\cdot\mathrm{m/(rad/s)}$,等效总转动惯量为 $3291\mathrm{kg}\cdot\mathrm{m}^2$。

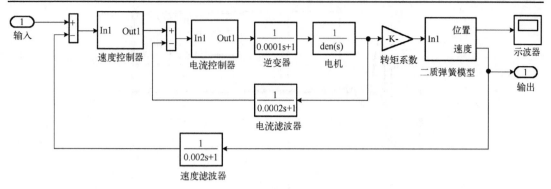

图 5-12 速度闭环控制 MATLAB 仿真框图

速度环被控对象开环频率特性曲线如图 5-13 所示。可以看到，系统的一阶锁定转子谐振频率为 24.5Hz，谐振频率为 35Hz。受到机械谐振频率的限制，速度闭环控制带宽不能过大，否则会引起控制不稳定。

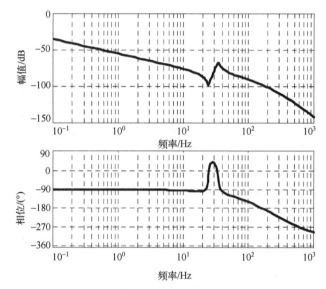

图 5-13 速度环被控对象开环频率特性曲线

根据频域设计法整定速度控制器参数，选用系统等效总转动惯量 $J$（3291kg·m²）进行参数设计。首先设计选定速度开环截止频率 $\omega_c$ 为 10Hz，相角裕度调节系数 $\lambda$ 取不同数值时，机电伺服控制系统的速度阶跃响应对比如图 5-14 所示。

由仿真结果可以看出，速度环的相角裕度调节系数 $\lambda$ 取值越大，机电伺服控制系统的速度阶跃响应超调量越小，但响应快速性降低。

相角裕度调节系数 $\lambda$ 分别为 1、5 和 50 时，对应的速度环相角裕度分别为 38.6°、72.1° 和 82.4°，可见相角裕度调节系数越大，闭环控制的相角裕度越大。在上述三种 $\lambda$ 取值条件下，仿真分析速度闭环的抗扰动能力。在 $t = 2s$ 时给机电伺服控制系统加入 500N·m 的阶跃力矩扰动信号，速度响应如图 5-15 所示。可以看出，在系统受到力矩扰动时，速度环的相角裕度调节系数 $\lambda$ 越小，扰动引起的速度波动越小；同时，转速可以在更短的时间内恢复到稳态，获得更强的速度环抗扰动能力。

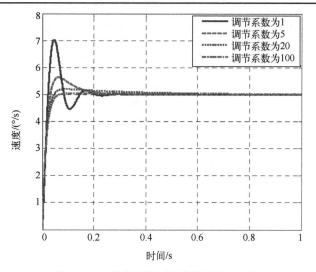

图 5-14　λ取值不同时速度阶跃响应对比

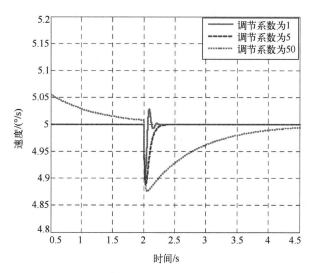

图 5-15　c 取值不同时速度环抗扰动能力对比

在设计机电伺服控制系统的速度环时，应综合考虑速度环的鲁棒性和动态响应性能，选择合适的相角裕度调节系数，以获得理想的速度控制性能。经过参数优化整定，相角裕度调节系数 λ 取值为 8，此时速度闭环频率特性曲线如图 5-16 所示，速度闭环控制带宽约为 12.35Hz。

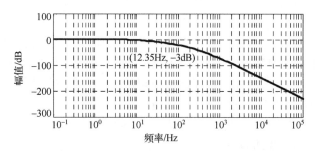

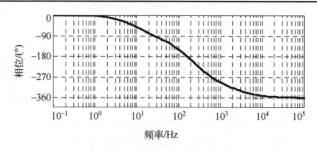

图 5-16　速度闭环频率特性曲线

## 5.1.3　位置控制器设计

机电伺服控制系统的位置环是三闭环串级控制的最外环，它的主要作用是实现对给定位置参考指令的准确跟踪。本节主要对机电伺服控制系统的位置控制器设计方法进行介绍。

### 1. 位置控制器参数设计

通常情况下，速度环的截止频率远高于位置环截止频率，速度环的响应速度也高于位置环。因此，速度完成闭环控制后仍可等效为一个一阶惯性环节，以便进行后续位置控制器的设计：

$$G_{\omega cl}(s) = \frac{K_\omega}{T_\omega s + 1} \tag{5.47}$$

式中，$K_\omega$ 为速度闭环放大倍数；$T_\omega$ 为速度闭环的时间常数。

位置闭环控制结构框图如图 5-17 所示。在跟踪位置信号时，通常要求机电伺服控制系统能够实现快速平稳到达给定位置，且无超调或小超调量。

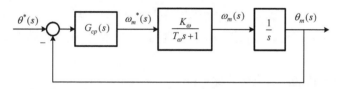

图 5-17　位置闭环控制结构框图

位置环被控对象为一个一阶惯性环节和一个积分环节的串联，传递函数表达式如下：

$$G_{pp}(s) = \frac{K_\omega}{s(T_\omega s + 1)} \tag{5.48}$$

在此条件下，位置控制器采用 P 比例控制器将位置开环校正为典型 I 型系统，控制器表达式如下：

$$G_{cp}(s) = k_{pp} \tag{5.49}$$

式中，$k_{pp}$ 为比例增益。

对于位置闭环控制来说，为了提高位置响应速度且不引起过大的超调甚至振荡，通常引入前馈控制。引入前馈控制后，位置闭环控制结构框图如图 5-18 所示，其中 $G_F(s)$ 为前馈控制器。

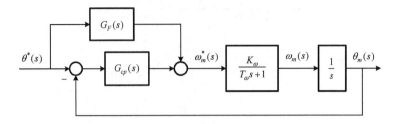

图 5-18　基于前馈控制的位置闭环控制结构框图

位置闭环传递函数表达式如下：

$$G_{pcl}(s) = \frac{G_F(s)\dfrac{K_\omega}{T_\omega s+1} + G_{cp}(s)\dfrac{K_\omega}{T_\omega s+1}}{s + G_{cp}(s)\dfrac{K_\omega}{T_\omega s+1}} \qquad (5.50)$$

可得位置误差传递函数表达式如下：

$$E_p(s) = \theta^*(s) - \theta(s) = \frac{s - G_F(s)\dfrac{K_\omega}{T_\omega s+1}}{s + k_{pp}\dfrac{K_\omega}{T_\omega s+1}}\theta^*(s) \qquad (5.51)$$

位置闭环控制的目标是无差跟踪位置参考指令。前馈控制一般包括两个部分，即速度前馈和加速度前馈。一般情况下，加速度信号噪声较多，准确获取其数值难度较大。因此，机电伺服控制系统中通常只加入速度前馈，这样也可获得理想的位置控制性能。

下面介绍两种典型的位置控制器参数设计方法。

### 1）工程设计法

首先，介绍一种基于工程设计法的位置控制器参数设计方法。工程设计法的思路是先使用比例控制器将位置环校正成为临界阻尼的典型Ⅱ型系统；再引入前馈控制，保证位置跟踪的稳态精度。

速度前馈控制器传递函数表达式如下：

$$G_F(s) = k_{FP}s \qquad (5.52)$$

可得位置闭环传递函数表达式如下：

$$G_{pcl}(s) = \frac{k_{FP}/k_{pp}s + 1}{T_\omega s^2/k_{pp}K_\omega + s/k_{pp}K_\omega + 1} \qquad (5.53)$$

速度前馈系数为零时，位置闭环传递函数表达式如下：

$$G_{pcl}(s) = \frac{k_{pp}K_\omega/T_\omega}{s^2 + (1/T_\omega)s + k_{pp}K_\omega/T_\omega} \qquad (5.54)$$

将位置闭环设计为临界阻尼Ⅱ型系统，阻尼系数表达式如下：

$$\xi = \frac{1}{4T_\omega k_{pp}K_\omega} \approx 1 \qquad (5.55)$$

可得位置控制器比例增益设计如下：

$$k_{pp} = \frac{1}{4T_\omega K_\omega}\qquad(5.56)$$

引入速度前馈控制器，位置误差传递函数表达式如下：

$$E_p(s) = \frac{s - s k_{FP}\dfrac{K_\omega}{T_\omega s + 1}}{s + k_{pp}\dfrac{K_\omega}{T_\omega s + 1}}\theta^*(s) = \frac{T_\omega s^2 + (1 - k_{FP}K_\omega)s}{T_\omega s^2 + s + k_{pp}K_\omega}\theta^*(s)\qquad(5.57)$$

当位置参考指令为阶跃信号时，位置稳态误差表达式如下：

$$e_{ss} = \lim_{s \to 0} s\frac{T_\omega s^2 + (1 - k_{FP}K_\omega)s}{T_\omega s^2 + s + k_{pp}K_\omega}\cdot\frac{R}{s} = 0\qquad(5.58)$$

当位置参考指令为斜坡信号时，位置稳态误差表达式如下：

$$e_{ss} = \lim_{s \to 0} s\frac{T_\omega s^2 + (1 - k_{FP}K_\omega)s}{T_\omega s^2 + s + k_{pp}K_\omega}\cdot\frac{R}{s^2} = \frac{R(1 - k_{FP}K_\omega)}{k_{pp}K_\omega}\qquad(5.59)$$

使位置稳态误差为零，可得

$$k_{FP} = \frac{1}{K_\omega}\qquad(5.60)$$

通常情况下，在实际系统中前馈控制并不采用完全补偿，因此前馈增益表达式如下：

$$k_{FP} = (0.7 \sim 0.9)\cdot\frac{1}{K_\omega}\qquad(5.61)$$

### 2）频域设计法

下面介绍基于频域设计法的位置控制器参数设计方法，与速度控制器参数基于频域设计法进行设计的理念相同，根据预设的开环截止频率和相角裕度来调整位置控制器的参数。

位置开环传递函数表达式如下：

$$G_{po}(s) = \frac{k_{pp}K_\omega(k_{FP}/k_{pp}s + 1)}{s(T_\omega s + 1)}\qquad(5.62)$$

假定位置开环截止频率为 $\omega_{pc}$，相角裕度为 $\varphi_{pm}$，有如下表达式成立：

$$\begin{cases} \left|G_{po}(\mathrm{j}\omega_{pc})\right| = 1 \\ \angle G_{po}(\mathrm{j}\omega_{pc}) = -\pi + \varphi_{pm} \end{cases}\qquad(5.63)$$

进一步可得

$$\begin{cases} \dfrac{k_{pp}K_\omega\sqrt{k_{FP}^2/k_{pp}^2\omega_{pc}^2 + 1}}{\omega_{pc}\sqrt{T_\omega^2\omega_{pc}^2 + 1}} = 1 \\ \arctan(k_{FP}/k_{pp}\omega_{pc}) - \dfrac{\pi}{2} - \arctan(T_\omega\omega_{pc}) = -\pi + \varphi_{pm} \end{cases}\qquad(5.64)$$

由式(5.64)，可得位置环控制器参数设计表达式：

$$
\begin{cases}
\dfrac{k_{FP}}{k_{pp}} = \dfrac{\tan\left(\varphi_{pm} - \dfrac{\pi}{2} + \arctan(T_\omega \omega_{pc})\right)}{\omega_{pc}} \\[4mm]
k_{pp} = \dfrac{\omega_{pc}}{K_\omega} \dfrac{\sqrt{T_\omega^2 \omega_{pc}^2 + 1}}{\sqrt{\dfrac{k_{FP}^2}{k_{pp}^2} \omega_{pc}^2 + 1}}
\end{cases}
\tag{5.65}
$$

与速度环相同，为了降低控制器参数整定的复杂度，引入位置环相角裕度调节系数 $\rho$，表达式如下：

$$
\rho = \frac{k_{FP}}{k_{pp}} \omega_{pc}^*
\tag{5.66}
$$

式中，$\omega_{pc}^*$ 为期望位置开环截止频率。

可得，位置环控制器参数设计简化表达式如下：

$$
\begin{cases}
k_{pp} = \dfrac{\omega_{pc}}{K_\omega} \dfrac{\sqrt{T_\omega^2 \omega_{pc}^2 + 1}}{\sqrt{\rho^2 + 1}} \\[4mm]
k_{FP} = \dfrac{\rho}{K_\omega} \dfrac{\sqrt{T_\omega^2 \omega_{pc}^2 + 1}}{\sqrt{\rho^2 + 1}}
\end{cases}
\tag{5.67}
$$

在机电伺服控制系统中，若速度开环截止频率远大于位置开环截止频率，可得

$$
T_\omega \omega_{pc} \to 0
\tag{5.68}
$$

根据式(5.68)，位置控制器参数设计可简化为

$$
\begin{cases}
k_{pp} = \dfrac{\omega_{pc}}{K_\omega \sqrt{\rho^2 + 1}} \\[4mm]
k_{FP} = \dfrac{\rho}{K_\omega \sqrt{\rho^2 + 1}}
\end{cases}
\tag{5.69}
$$

此时，位置环相角裕度可近似表达如下：

$$
\varphi_{pm} = \arctan(\rho) + \frac{\pi}{2}
\tag{5.70}
$$

相角裕度调节系数 $\rho$ 越大，位置环的相角裕度越大。一般情况下，位置环相角裕度调节系数 $\rho$ 取值 $0.1 \sim 0.2$。

不管电流控制器、速度控制器，还是位置控制器，由于实际系统中存在较多复杂的非线性因素，理论上的参数设计结果并不一定能够保证机电伺服控制系统的最佳控制性能。因此，还需进一步依据系统的实际情况进行优化和调整，以获得满意的控制性能。

2. 位置闭环控制仿真分析

在 5.1.2 节速度闭环控制的基础上，加入位置控制器进行位置闭环控制仿真分析。机电

伺服控制系统速度完成闭环控制后,可等效为如下一阶惯性环节:

$$G_{\omega cl}(s) = 1/(0.0129\,s + 1) \tag{5.71}$$

采用频域设计法对位置控制器进行设计。首先设计选定位置开环截止频率 $\omega_{pc}$ 为 3Hz,相角裕度调节系数 $\rho$ 取不同数值时,机电伺服控制系统的位置阶跃响应对比如图 5-19 所示。

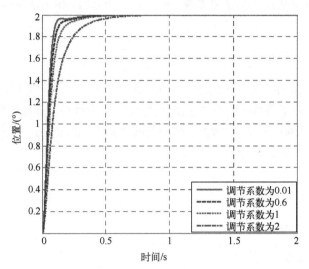

图 5-19　$\rho$ 取值不同时位置阶跃响应对比

可以看到,位置环相角裕度调节系数 $\rho$ 越大,位置响应速度越慢。但为保证一定的位置环相角裕度,$\rho$ 取值不能过小,应折中考虑选取。经过参数优化整定,相角裕度调节系数 $\rho$ 取值为 0.1,位置闭环频率特性曲线如图 5-20 所示,位置闭环控制带宽约为 4.73Hz。

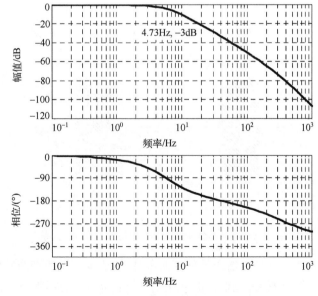

图 5-20　位置闭环频率特性曲线

## 5.2　机电伺服控制系统数字实现

5.1 节所述的机电伺服控制系统的控制器设计均是基于连续信号系统的，但在实际的机电伺服控制系统中，控制器的实现需要按一定的采样频率进行数字离散化。控制器的数字离散化是机电伺服控制系统设计的重要步骤，它决定着最终控制程序的编写和伺服控制能力的实现。

### 5.2.1　数字离散化方法

离散化的意义在于将连续输入输出信号描述的系统转化成为"等同的"离散输入输出信号描述的离散系统。数字离散化的方法包括数值积分法(双线性变换法、前向差分变换法、后向差分变换法)和输入响应不变法(阶跃、脉冲响应不变法)等。目前，在机电伺服控制系统设计中，较常用的还是数值积分法。

数值积分法的离散思想是：将连续信号曲线下的面积用曲线下离散的小面积之和代替。本节以求取 $\int_{(k-1)T_s}^{kT_s} x(t)\mathrm{d}t$ 为例，简要介绍数值积分法的三种典型方法：前向差分变换法、后向差分变换法和双线性变换法。

#### 1. 前向差分变换法

前向差分变换法用曲线 $x(t)$ 下连续相接的单个矩形面积之和近似代替原曲线下的面积。矩形的长用积分下限时刻 $x((k-1)T_s)$ 所对应的值代替，采样周期近似作为矩形的宽。

前向差分变换法的表达式如下：

$$s = \frac{z-1}{T_s} \tag{5.72}$$

在前向差分变换法中，$s$ 平面与 $z$ 平面的对应关系如图 5-21 所示。

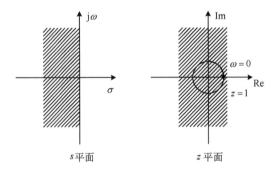

图 5-21　前向差分变换法 $s$ 平面与 $z$ 平面对应关系

由图 5-21 可以看出，在使用前向差分变换法时，$s$ 左半平面可能会映射到 $z$ 平面单位圆的外面。因此，在 $s$ 域稳定的控制器，离散化到 $z$ 域后也可能会不稳定，这也是前向差分变换法的一个缺点。

## 2. 后向差分变换法

与前向差分变换法相同，后向差分变换法仍用曲线 $x(t)$ 下连续相接的单个矩形面积之和近似代替原曲线下的面积，采样周期近似作为矩形的宽。不同的是，后向差分变换法矩形的长用积分上限时刻 $x(kT_s)$ 所对应的值代替。

后向差分变换法的表达式如下：

$$s = \frac{1 - z^{-1}}{T_s} \tag{5.73}$$

在后向差分变换法中，$s$ 平面与 $z$ 平面的对应关系如图 5-22 所示。

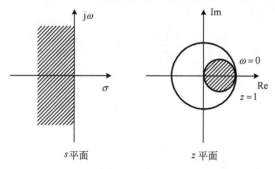

图 5-22　后向差分变换法 $s$ 平面与 $z$ 平面对应关系

由图 5-22 可以看出，使用后向差分变换法时，$s$ 左半平面映射到 $z$ 平面单位圆的一个区域内。因此，若控制器在 $s$ 域内是稳定的，那么离散化到 $z$ 域后也是稳定的。

## 3. 双线性变换法

双线性变换法用曲线 $x(t)$ 下连续相接的单个梯形面积之和近似代替原曲线下的面积。梯形的上底长用积分下限时刻所对应的值代替，梯形的下底长用积分上限时刻所对应的值代替，采样周期近似作为梯形的高度。

双线性变换法的表达式如下：

$$s = \frac{2}{T_s} \cdot \frac{(1 - z^{-1})}{(1 + z^{-1})} \tag{5.74}$$

在双线性变换法中，$s$ 平面与 $z$ 平面的对应关系如图 5-23 所示。

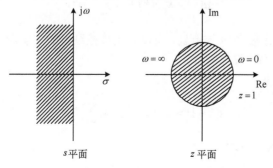

图 5-23　双线性变换法 $s$ 平面与 $z$ 平面对应关系

由图 5-23 可以看出，在双线性变换法中，整个 $s$ 左半平面映射到 $z$ 平面上以原点为圆心的单位圆内部。因此，双线性变换法不改变控制器的稳定性，$s$ 域稳定的控制器离散化后一定是稳定的。

各种数值积分法均有其对应的离散化公式和离散化近似精度。从上述分析可知，相比于差分变换法，采用双线性变换法进行离散化时的近似精度最高。

### 5.2.2　控制器数字离散化

本节以 PI 控制器为例介绍机电伺服控制系统控制器的数字离散化，将控制器写成离散方程的表达形式，以便于数字编程实现。

典型 PI 控制器表达式如下：

$$\frac{U(s)}{E(s)} = k_p + \frac{k_i}{s} \tag{5.75}$$

由双线性变换公式，可得

$$2(1 - z^{-1})U(z) = (2k_p(1 - z^{-1}) + k_i T_s(1 + z^{-1}))E(z) \tag{5.76}$$

依据式 (5.76)，可得

$$U(k) = U(k-1) + \frac{1}{2}((2k_p + T_s k_i)E(k) + (T_s k_i - 2k_p)E(k-1)) \tag{5.77}$$

式 (5.77) 即为 PI 控制器的双线性变换离散化表达式。

PI 控制器相对简单，在采样频率足够高的条件下，也可采用如下方法对其进行近似离散化。PI 控制器在时域上对应的表达式如下：

$$u(t) = k_p e(t) + k_i \int_0^t e(t)\mathrm{d}t \tag{5.78}$$

为了便于数字实现，可进行如下近似：

$$\int_0^t e(t)\mathrm{d}t \approx \sum_{k=0}^n T_s e(k) \tag{5.79}$$

式中，$T_s$ 为采样周期。

可得，PI 控制器的离散化表达式如下：

$$u(k) = k_p e(k) + k_i \sum_{i=0}^k T_s e(i) \tag{5.80}$$

式 (5.80) 就是位置式数字 PI 控制器，可以看出该控制器的实现需要对跟踪误差 $e(k)$ 进行累加，因此会占用很多的计算存储单元。

根据式 (5.80)，可得

$$u(k-1) = k_p e(k-1) + k_i \sum_{i=0}^{k-1} T_s e(i) \tag{5.81}$$

式 (5.81) 和式 (5.80) 相减，可得

$$\Delta u(k) = u(k) - u(k-1) = k_p(e(k) - e(k-1)) + k_i e(k) \tag{5.82}$$

式 (5.82) 即为增量式数字 PI 控制器的表达式，这等效为一种后向差分变换法。

位置式和增量式是 PI 控制器的两种不同数字实现方法。位置式数字 PI 控制器由于一直累加跟踪误差项，最后输出的控制量与整个过去的状态量均相关，单次的计算误差不断累积容易造成很大的控制量计算误差。增量式数字 PI 控制器不需要对跟踪误差项进行累加，控制量计算结果仅与最近两次的采样数值有关，单次的计算误差对最后的控制结果影响相对较小。目前，增量式数字 PI 控制器在机电伺服控制系统中得到了广泛应用。

此外，控制器离散化时可能涉及微分环节，可做如下差分近似：

$$\frac{\mathrm{d}e(t)}{\mathrm{d}t} \approx \frac{e(k) - e(k-1)}{T_s} \tag{5.83}$$

## 5.3　机电伺服控制系统数字滤波技术

在机电伺服控制系统中，存在多种影响系统性能的噪声因素。以速度反馈信息为例，它通常由位置传感器数据差分获取，与参考指令做差生成偏差信息，是系统闭环校正的输入源。速度信息的准确性对机电伺服控制系统的控制精度具有重要的影响。但是，实际系统中的位置测量信息包含较多的干扰噪声，进而导致差分所得速度信息含有大量噪声。如果直接采用带噪声的速度信息作为闭环控制反馈值，将引起系统的振动，甚至会对电机和负载造成危害。

滤波是解决干扰噪声问题的有效方法。机电伺服控制系统中的干扰噪声可以分为随机干扰噪声和周期性干扰噪声两大类，对于高频周期性的干扰噪声，在硬件电路中设计 RC 低通滤波器可对其进行有效抑制；对于低频周期性或者随机干扰噪声，可通过数字滤波器进行抑制。这里所说的数字滤波器是指通过计算机或者微处理器程序来提高信噪比的软件算法。与模拟滤波技术相比，数字滤波技术有如下优点：①无须增加硬件电路，成本低，可靠性高，稳定性好，不存在电路阻抗匹配设计的问题；②滤波带宽调整范围大，可对频率很低的信号进行滤波；③灵活性好，可根据干扰信号的特点灵活地选取滤波方法和滤波器系数。鉴于上述优点，数字滤波技术在机电伺服控制系统中得到了广泛应用。

本节主要介绍机电伺服控制系统的几种典型数字滤波技术，包括算术平均值滤波技术、移动平均滤波技术、防脉冲干扰平均滤波技术、数字低通滤波技术和伪微分数字低通滤波技术。

### 5.3.1　算术平均值滤波技术

算术平均值滤波技术的思想是：对于连续采样的 $k$ 个数据 $x_i (i = 1, 2, \cdots, k)$，找到一个数据 $y$，使其与各采样数据之间的误差平方和最小，即

$$E = \min \left[ \sum_{i=1}^{k} (y - x_i)^2 \right] \tag{5.84}$$

对式 (5.84) 求极小值可得

$$y = \frac{1}{k} \sum_{i=1}^{k} x_i \tag{5.85}$$

式 (5.85) 即为算术平均值滤波器的计算公式。

算术平均值滤波技术适合应用于被测信号数据在某一数值附近上下波动的场合。算术平均值滤波技术实际上是将噪声的影响平均分摊到每个测量值上，使得测量值受噪声的干扰程度降低到原来的 $1/k$。因此，连续采样的数据个数 $k$ 决定了算术平均值滤波器的抗干扰能力，$k$ 越大，算术平均值滤波器的抗干扰能力越强；但是 $k$ 过大，会导致算术平均值滤波产生较大滞后，导致系统的调节过程变慢。在机电伺服控制系统中，$k$ 通常取值为 5～10。对于动态性能要求不高的系统，$k$ 的取值可适当增大。实测表明，算术平均值滤波技术对周期性的干扰噪声具有较好的抑制效果。

### 5.3.2  移动平均滤波技术

算术平均值滤波技术虽然能够有效地抑制周期性干扰噪声，但是在每次计算时需要采集 $k$ 个数据，导致数据处理时间变长，系统实时性变差。为了解决上述算术平均值滤波技术存在的问题，研究人员提出了移动平均滤波技术。移动平均滤波技术每次计算只需采集一个数据，加快了数据处理速度，十分适合应用在对实时性要求较高的场合。

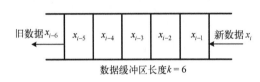

图 5-24  移动平均滤波技术原理图

移动平均滤波技术的原理图如图 5-24 所示，移动平均滤波技术将采样后的数据按照采样时间的先后顺序存放在计算机或者微处理器的 RAM 空间，在每次计算前先顺序移动数据。以数据缓冲区长度 6 为例，首先将队头最旧的数据 $x_{i-6}$ 移出，然后将最新采样数据 $x_i$ 移入队尾，保证数据缓冲区数据为 6 个，并且数据依然按照采样时间的先后顺序排列。将此时数据缓冲区中的数据算术平均值作为测量值。移动平均滤波技术可实现每采样一次就计算一次的实时性要求。

### 5.3.3  防脉冲干扰平均滤波技术

在机电伺服控制系统中，由于某些强电设备的存在，其不可避免地会受到尖脉冲的干扰。这种干扰是随机性的，并且持续时间短、脉冲幅值大，因此这类脉冲干扰数据与其他正常数据会有明显的区别。此时，如果滤波技术仍然采用算术平均值滤波技术或者移动平均滤波技术，经过平均处理后，在测量值中仍然存在较大的干扰残余值。

针对上述问题，研究人员提出了防脉冲干扰平均滤波技术。防脉冲干扰平均滤波技术先对连续采样的 $k$ 个数据进行排序，并去掉最大和最小的 2 个数据，最后将剩余的数据进行平均处理，获得测量值。在防脉冲干扰平均滤波技术中，数据缓冲区长度 $k$ 的取值应该兼顾数据处理速度和滤波效果，一般取值为 5。

### 5.3.4  数字低通滤波技术

模拟 $RC$ 低通滤波器可以用来滤除某一频率以上的周期性和随机干扰噪声信号，这种模拟 $RC$ 低通滤波器的功能也可以通过数字方法实现。在模拟 $RC$ 低通滤波器中，高 $RC$ 系数的低通滤波器网络不容易实现，但是用数字低通滤波器可以比较容易地解决这个问题。

下面由模拟 $RC$ 低通滤波器推导数字低通滤波器的方程。假设模拟 $RC$ 低通滤波器的输

入为 $x(t)$，输出为 $y(t)$，根据 $RC$ 网络特性，输入输出关系表达式如下：

$$RC\frac{\mathrm{d}y(t)}{\mathrm{d}t} + y(t) = x(t) \tag{5.86}$$

采用后向差分变换法对式(5.86)进行离散化处理，假设采样周期为 $T$，则在第 $k$ 个采样时刻：$x_k = x(kT)$，$y_k = y(kT)$。当 $T$ 足够小时，式(5.86)可离散化为

$$RC\frac{y_k - y_{k-1}}{T} + y_k = x_k \tag{5.87}$$

整理可得

$$y_k = \frac{1}{1+RC/T}x_k + \frac{RC/T}{1+RC/T}y_{k-1} \tag{5.88}$$

定义 $K = \dfrac{1}{1+RC/T}$，则 $1-K = \dfrac{RC/T}{1+RC/T}$，可得数字低通滤波器的表达式如下：

$$y_k = Kx_k + (1-K)y_{k-1} \tag{5.89}$$

当采样周期 $T$ 足够小时，$K \approx T/RC$，数字低通滤波器的截止频率为

$$f = \frac{1}{2\pi RC} \approx \frac{K}{2\pi T} \tag{5.90}$$

在设计数字低通滤波器时，首先确定低通滤波器的截止频率和采样频率，其后利用式(5.90)就可以确定 $K$ 的取值，进而最终确定低通滤波器的参数。数字低通滤波技术的缺点是会产生相位上的滞后，且相位滞后的大小与 $K$ 的取值有关。此外，数字低通滤波技术无法滤除大于采样频率 1/2 的干扰噪声信号。

### 5.3.5 伪微分数字低通滤波技术

在机电伺服控制系统中，由编码器获得的位置测量数据中不仅包含位置信息的低频成分，还包含高频成分。控制系统采样获得的编码器数据是编码器分辨率的整数倍，因此对编码器数据进行微分操作时，会存在干扰噪声放大的问题。采用伪微分数字低通滤波技术，便可以很好地避免上述微分操作的缺点，通过合理调整参数，可以比较准确地提取出速度信息。

基于伪微分数字低通滤波器的速度测量传递函数表达式如下：

$$y(s) = \frac{s}{s+\gamma}\theta(s) \tag{5.91}$$

式中，$\gamma$ 为低通滤波器系数；$\theta$ 为编码器数据；$y$ 为速度测量值。

经分解和组合，式(5.91)可表达如下：

$$y(s) = \left(1 - \frac{\gamma}{s+\gamma}\right)\theta(s) = \theta(s) - \frac{\gamma}{s+\gamma}\theta(s) \tag{5.92}$$

式(5.92)即为伪微分数字低通滤波器的数学方程。

通过伪微分操作代替编码器数据的直接微分操作，避免了位置数据干扰噪声的放大问题，有利于获取更平滑的速度数据。伪微分数字低通滤波器的系数 $\gamma$ 直接影响到速度信息的滤波效果。一般情况下，为了尽可能多地滤掉无用噪声，滤波器需具有较低的截止频率；但

截止频率过低，会使滤波器带来的相位延迟变大，从而影响系统的稳定性。因此，需要在实际过程中调整滤波器的系数以保证较好的速度响应。

# 5.4　机电伺服控制系统陷波器设计

## 5.4.1　陷波器原理

机电伺服控制系统的机械谐振对系统控制性能产生较大的影响，机械谐振的抑制成为伺服控制亟待解决的重要问题。从频域角度看，机械谐振主要体现在谐振频率处系统幅值增益产生剧烈的向上突变，导致系统幅值裕度不足而迅速进入振荡状态，它的存在限制了伺服控制系统的稳定性和带宽提升能力。因此，可通过设计一种滤波器，削弱系统在相应频率处的幅值增益，达到抑制机械谐振的效果。目前，陷波器是解决机械谐振抑制问题的常用方法，在伺服控制系统中得到了广泛的关注和应用。

陷波器是一种带阻滤波器，在理想情况下阻带为一个频率点，在该频率点处可产生较大的幅值衰减，而对其他频率处的信号影响较小。理想陷波器的幅频特性曲线如图 5-25 所示，表达式如下：

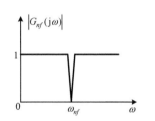

$$\left| G_{nf}(j\omega) \right| = \begin{cases} 1, & \omega \neq \omega_{nf} \\ 0, & \omega = \omega_{nf} \end{cases} \tag{5.93}$$

式中，$\omega_{nf}$ 为陷波频率。

可以看到，理想陷波器在陷波频率处，幅值增益为 0；对于其他信号，幅值增益为 1。因此，从理论上来说陷波器将是抑制机械谐振的一种有效方法。在机电伺服控制系

图 5-25　理想陷波器幅频特性曲线

统中加入陷波器，可以抑制驱动力矩（电流）在谐振频率处的成分，降低机械谐振对控制系统增益的限制，进而提高系统的带宽和动态性能。

## 5.4.2　陷波器设计方法

机电伺服控制系统中的传统陷波器传递函数表达式如下：

$$G_{nf}(s) = \frac{s^2 + \omega_{nf}^2}{s^2 + 2\xi\omega_{nf}s + \omega_{nf}^2} \tag{5.94}$$

式中，$\xi$ 为表征陷波器陷波带宽的系数。

由式（5.94）可以看出，陷波带宽系数 $\xi$ 的数值大小影响陷波器陷波频率附近的频率特性。陷波频率 $\omega_{nf}$ 固定的条件下，$\xi$ 取不同数值时陷波器的频率特性曲线如图 5-26 所示。

从陷波器的频率特性曲线可以看出，陷波频率处的幅值增益呈现大幅衰减，且陷波频率处相位发生剧烈的反转变化。陷波带宽系数 $\xi$ 取较小数值时，陷波频率处的幅值衰减较小，陷波宽度小，陷波器对陷波频率附近的频率特性影响较小；陷波带宽系数 $\xi$ 取较大数值时，陷波频率处的幅值衰减较大，陷波宽度大，陷波器对陷波频率附近的频率特性影响较大。陷波带宽系数 $\xi$ 同时影响陷波器的陷波幅值深度和陷波宽度，因此无法单独通过调整 $\xi$ 来达到理想的抑制效果。这是使用传统陷波器来抑制机械谐振的一个缺点。

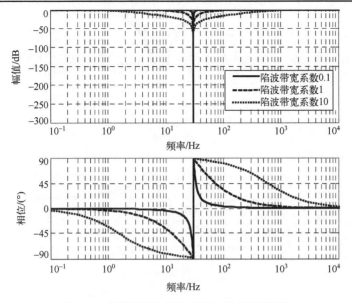

图 5-26　陷波器频率特性曲线（$\xi$ 取不同数值）

为了改善陷波器的谐振抑制效果，有研究人员对传统陷波器做了改进设计，表达式如下：

$$G_{nf}(s) = \frac{s^2 + 2\zeta_z \omega_{nf} s + \omega_{nf}^2}{s^2 + 2\zeta_p \omega_{nf} s + \omega_{nf}^2} \tag{5.95}$$

式中，$\zeta_z$、$\zeta_p$ 分别为陷波器的零点阻尼系数和极点阻尼系数。该陷波器有一对共轭复数极点和一对共轭复数零点，陷波器的陷波幅值深度和宽度可以实现分开设计。

该陷波器的幅频传递函数表达式如下：

$$\left| G_{nf}(j\omega) \right| = \left| \frac{-\omega^2 + 2j\zeta_z \omega_{nf}\omega + \omega_{nf}^2}{-\omega^2 + 2j\zeta_p \omega_{nf}\omega + \omega_{nf}^2} \right| = \frac{\sqrt{(\omega_{nf}^2 - \omega^2)^2 + (2\zeta_z \omega_{nf}\omega)^2}}{\sqrt{(\omega_{nf}^2 - \omega^2)^2 + (2\zeta_p \omega_{nf}\omega)^2}} \tag{5.96}$$

在陷波频率处，陷波器的幅值为

$$\left| G_{nf}(j\omega_{nf}) \right| = \frac{\sqrt{(\omega_{nf}^2 - \omega_{nf}^2)^2 + (2\zeta_z \omega_{nf}\omega_{nf})^2}}{\sqrt{(\omega_{nf}^2 - \omega_{nf}^2)^2 + (2\zeta_p \omega_{nf}\omega_{nf})^2}} = \frac{\zeta_z}{\zeta_p} \tag{5.97}$$

可以看出，当陷波器输入信号频率 $\omega = \omega_{nf}$ 时，传递函数幅值 $\left| G_{nf}(j\omega_{nf}) \right| = \zeta_z / \zeta_p$；当陷波器输入信号频率满足 $\omega \ll \omega_{nf}$ 或 $\omega \gg \omega_{nf}$ 时，传递函数幅值 $\left| G_{nf}(j\omega) \right| \approx 1$。

陷波器的设计目标是，仅在陷波频率处产生较大的陷波作用，且尽量降低对陷波频率附近系统频率特性的影响。由式（5.95）陷波器传递函数表达式可知，零点阻尼系数 $\zeta_z$ 和极点阻尼系数 $\zeta_p$ 的取值会影响陷波器的幅频和相频特性。下面详细分析 $\zeta_z$、$\zeta_p$ 对陷波器频率特性的影响。

首先，对陷波频率 $\omega_{nf}$ 进行归一化处理，令 $\omega_{nf} = 1\text{rad/s}$。保持 $\zeta_p = 1$ 不变，零点阻尼系数 $\zeta_z$ 分别取值 0.1、0.25、0.5 时，陷波器的频率特性曲线如图 5-27 所示（横纵坐标为对数频率）。

可以看到，在陷波频率 $\omega_{nf}$ 处，陷波器的陷波幅值深度最大；当 $\zeta_z / \zeta_p = 0.1$ 时，陷波器的陷波幅值深度达到最大值-20dB；滤波器的深度随着零点阻尼系数 $\zeta_z$ 的增大而减小。

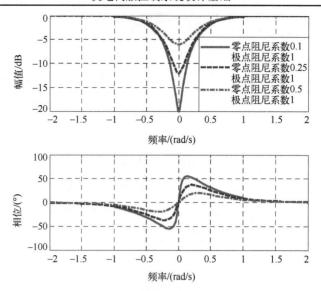

图 5-27  $\zeta_p = 1$，$\zeta_z$ 变化时的陷波器频率特性曲线

在 $\zeta_z / \zeta_p$ 比值决定了陷波幅值深度的同时，极点阻尼系数 $\zeta_p$ 决定了陷波器的频带宽度。保持 $\zeta_z / \zeta_p = 0.1$ 不变，陷波器的陷波幅值深度为 $-20\text{dB}$，陷波器频率特性随着 $\zeta_p$ 的变化曲线如图 5-28 所示。

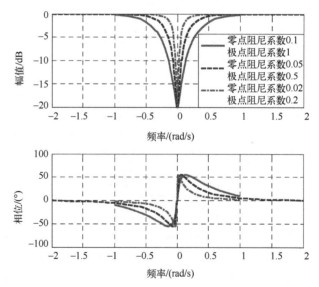

图 5-28  $\zeta_z / \zeta_p = 0.1$，$\zeta_p$ 变化时的陷波器频率特性曲线

可以看出，陷波器的陷波宽度随着 $\zeta_p$ 的增大而增加。因此，在设计陷波器时需调整比值 $\zeta_z / \zeta_p$ 和 $\zeta_p$，以获得理想的陷波器的频率特性。在实际应用过程中，陷波器无法实现对 $\omega = \omega_{nf}$ 处频率成分的完全滤除，且 $\zeta_z / \zeta_p$ 和 $\zeta_p$ 参数取值均会受到硬件实现条件的限制。为了滤除谐振频率对控制系统的影响，一般要求极点阻尼系数 $\zeta_p$ 和零点阻尼系数 $\zeta_z$ 尽可能小。一般情况下，在机电伺服控制系统陷波器的离散化实现过程中，$\zeta_z / \zeta_p \geq 0.01$，即陷波器的陷波幅值深度不超过 $-40\text{dB}$。

### 5.4.3　陷波器对闭环控制的影响分析

永磁同步电机的电流闭环控制带宽通常可达几百甚至上千赫兹，远大于速度闭环控制带宽。因此，为了简化分析，认为电流环传递函数为 1。机电伺服控制系统速度闭环控制结构框图可简化如图 5-29 所示。为了分析在速度控制回路中串入陷波器对控制增益的影响，速度控制器采用比例控制器进行仿真分析。

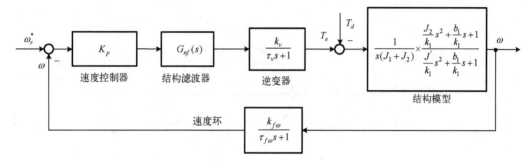

图 5-29　简化速度闭环控制结构框图(二)

根据图 5-29 所示的控制结构框图，可得如下速度开环传递函数：

$$G_{\omega o}(s) = \frac{K_p}{(J_1+J_2)s} \cdot \frac{\omega_{p0}^2}{\omega_{z0}^2} \cdot \frac{s^2+2\zeta_{z0}\omega_{z0}s+\omega_{z0}^2}{s^2+2\zeta_{p0}\omega_{p0}s+\omega_{p0}^2} \cdot \frac{s^2+2\zeta_z\omega_{nf}s+\omega_{nf}^2}{s^2+2\zeta_p\omega_{nf}s+\omega_{nf}^2} \cdot \frac{1}{(1+\tau_v s)^2} \quad (5.98)$$

陷波器设计满足如下条件：$\omega_{nf}=\omega_{p0}$，$\zeta_z=\zeta_{p0}$，$\zeta_p \geqslant \zeta_{p0}$。

为了分析加入陷波器前后控制系统的变化情况，有参考文献基于与图 5-29 相同的控制结构框图，采用根轨迹方法分析了陷波器对系统闭环控制的影响。首先，未加入陷波器时系统的根轨迹曲线如图 5-30 所示。可以看出，系统存在一对零极点，当控制器增益满足 $0 < K_p < 3.14$ 时，系统是稳定的。

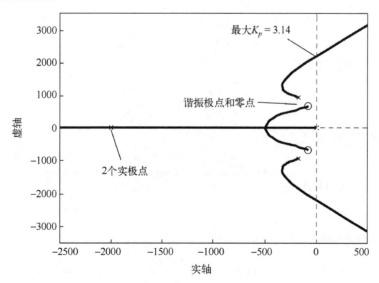

图 5-30　系统根轨迹曲线(未加陷波器)

在系统中加入陷波器的目的是消除谐振极点，因此陷波器设计需要满足 $\zeta_z = \zeta_{p0}$。但是机电伺服控制系统的极点阻尼系数 $\zeta_{p0}$ 与黏滞阻尼系数有关，而黏滞阻尼系数随着系统的位置、速度和温度等状态的变化而变化，因此在实际系统中很难做到非常精准的 $\zeta_z = \zeta_{p0}$。假设陷波器设计存在偏差 $\Delta\zeta = \zeta_z - \zeta_{p0} = 0.1\text{rad}$，加入陷波器后的系统根轨迹曲线如图 5-31 所示。

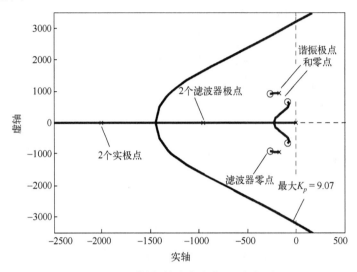

图 5-31　系统根轨迹曲线（加入陷波器）

由图 5-31 可以看出，由于陷波器存在设计偏差，并没有将系统的谐振极点完全消除。但是，系统稳定时的控制器增益可由 3.14 增大到 9.07，有效削弱了机械谐振对于系统控制带宽的限制。结果表明，即使在设计陷波器时零点阻尼系数存在一个小的偏差，也不影响陷波器的谐振抑制作用。

陷波器的作用是对机电伺服控制系统中的机械谐振环节进行抑制，削弱谐振频率对于控制带宽的限制，但是也会不可避免地对系统其他方面的特性产生一定的影响。陷波器会带来一定的相位滞后，导致系统的相位裕度减小，影响系统的动态响应性能。

由式 (5.95) 可得陷波器的频域表达式如下：

$$G_{nf}(j\omega) = \frac{\omega_{nf}^2 - \omega^2 + 2j\zeta_z\omega_{nf}\omega}{\omega_{nf}^2 - \omega^2 + 2j\zeta_p\omega_{nf}\omega} \tag{5.99}$$

陷波器的相频特性表达式如下：

$$\varphi_{nf}(j\omega) = \begin{cases} \arctan\dfrac{2\zeta_z\omega_{nf}\omega}{\omega_{nf}^2 - \omega^2} - \arctan\dfrac{2\zeta_p\omega_{nf}\omega}{\omega_{nf}^2 - \omega^2}, & \omega \neq \omega_{nf} \\ 0, & \omega = \omega_{nf} \end{cases} \tag{5.100}$$

陷波器产生的相角损失表达式如下：

$$\Delta\varphi(j\omega) = 0 - \varphi_{nf}(j\omega) = \arctan\dfrac{2\zeta_p\omega_{nf}\omega}{\omega_{nf}^2 - \omega^2} - \arctan\dfrac{2\zeta_z\omega_{nf}\omega}{\omega_{nf}^2 - \omega^2} \tag{5.101}$$

可以看出，陷波器的相角损失与极点阻尼系数 $\zeta_p$ 和零点阻尼系数 $\zeta_z$ 的取值有关。根据

5.5.2 节分析可知，阻尼比 $\zeta_z / \zeta_p$ 决定陷波器的陷波幅值深度，极点阻尼系数 $\zeta_p$ 决定陷波器的陷波宽度。结合式(5.101)可知，陷波器陷波宽度越大，相角损失越大；在陷波器陷波宽度一定的条件下，陷波幅值深度越大，相角损失越大。

机电伺服控制系统中引起机械谐振的现象谐振环节表达式如下：

$$G_\xi(s) = \frac{s^2 + 2\zeta_{z0}\omega_{z0}s + \omega_{z0}^2}{s^2 + 2\zeta_{p0}\omega_{p0}s + \omega_{p0}^2} \tag{5.102}$$

式(5.102)代表包含一个锁定转子谐振频率和一个谐振频率的单一谐振环节。

在陷波器的设计过程中，陷波器零点和谐振环节极点可相互对消，即满足 $\omega_{nf} = \omega_{p0}$，$\zeta_z = \zeta_{p0}$；而陷波器极点和谐振环节零点无法实现对消，即 $\omega_{nf} = \omega_{p0} \neq \omega_{z0}$。由此，可得单一谐振环节和陷波器串联后的传递函数表达式：

$$G(s) = G_\xi(s)G_{nf}(s)$$
$$= \frac{s^2 + 2\zeta_{z0}\omega_{z0}s + \omega_{z0}^2}{s^2 + 2\zeta_{p0}\omega_{p0}s + \omega_{p0}^2} \cdot \frac{s^2 + 2\zeta_z\omega_{nf}s + \omega_{nf}^2}{s^2 + 2\zeta_p\omega_{nf}s + \omega_{nf}^2} = \frac{s^2 + 2\zeta_{z0}\omega_{z0}s + \omega_{z0}^2}{s^2 + 2\zeta_p\omega_{nf}s + \omega_{nf}^2} \tag{5.103}$$

单一谐振环节加入陷波器前后的频率特性曲线对比如图 5-32 所示。从幅频特性对比曲线可以看出，谐振频率处的高幅值增益被陷波器有效削弱。此外，一般情况下，系统的开环截止频率小于谐振频率(陷波器陷波频率)，从相频特性对比曲线可以看到，陷波器给系统带来了一定的相位滞后，进而降低了相位裕度。因此，须合理设置陷波器的参数，才能达到理想的控制效果。

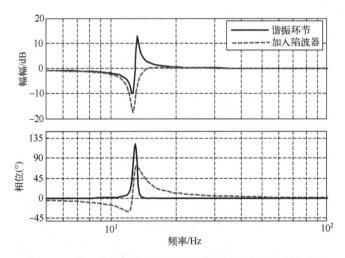

图 5-32　单一谐振环节加入陷波器前后的频率特性曲线对比

## 5.4.4　陷波器应用实例

为了验证陷波器对机械谐振的抑制效果，下面给出陷波器的应用实例。

采用正弦扫频法对某机电伺服控制系统进行频率特性测试，系统开环频率特性曲线如图 5-33 所示。

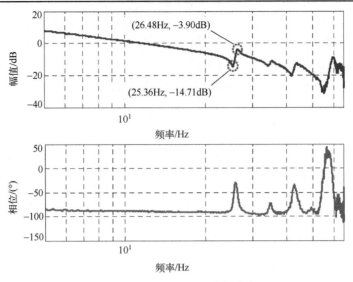

图 5-33　系统开环频率特性曲线

可以看出，机械谐振存在于该机电伺服控制系统，且一阶锁定转子频率为 25.36Hz，谐振频率为 26.48Hz。锁定转子频率和谐振频率的差值较小，说明系统具有较高的刚度。

设计陷波器对机械谐振进行抑制，$\omega_{nf}$ 取值 166.38rad/s，$\zeta_z$ 取值 0.01，$\zeta_p$ 取值 0.1。加入陷波器前后系统开环频率特性对比如图 5-34 所示。可以看出，加入陷波器后，谐振频率点处的幅值增益被有效削弱，谐振峰值得到有效抑制。但是陷波器的加入，使得系统的相位裕度降低，与仿真结果一致。

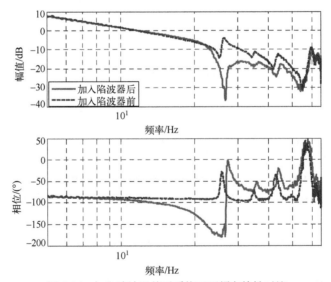

图 5-34　加入陷波器前后系统开环频率特性对比

为了验证陷波器对时域信号的抑制效果，采用正弦扫频法对系统的速度闭环频率特性进行测试，根据输入输出信号，可以看出陷波器对时域信号的滤波效果，如图 5-35 所示。可以看到，在谐振频率 26.48Hz 处的速度信号幅值明显减小，体现了陷波器对控制信号的陷波效果。

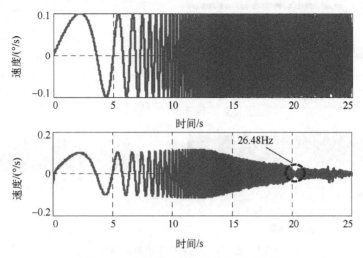

图 5-35　陷波器对时域信号的滤波效果

对速度闭环扫频的输入输出信号进行 FFT 分析，可以得到如图 5-36 所示的加入陷波器前后系统的速度闭环频率特性曲线。加入陷波器后，在速度响应稳定的条件下，该机电伺服控制系统的速度闭环控制带宽可达 13Hz。

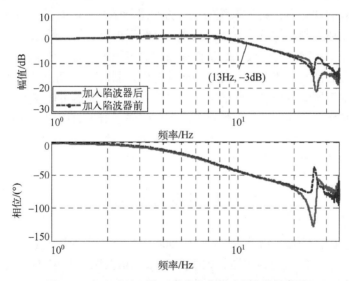

图 5-36　加入陷波器前后系统速度闭环频率特性曲线

调整速度环控制增益，使得速度闭环控制带宽达到一阶锁定转子谐振频率的 50%左右（13Hz），加入陷波器前后速度响应结果对比如图 5-37 所示。可以看出，在速度闭环控制带宽为 13Hz 时，若不加入陷波器，系统的速度响应出现了小幅度的振荡；加入陷波器后，系统的速度响应振荡明显得到较好的削弱。该系统以 0.5°/s 的速度匀速运行时，陷波器将稳态速度波动 RMS 值由 0.0118°/s 减小到 0.00267°/s。上述结果验证了陷波器在机械谐振抑制方面的有效性。

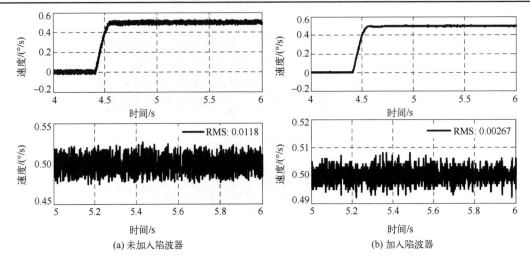

(a) 未加入陷波器　　　　　　　　　　(b) 加入陷波器

图 5-37　加入陷波器前后速度响应结果对比

## 5.5　小　　结

本章从机电伺服控制系统控制器设计、数字实现、数字滤波技术、谐振抑制技术(陷波器技术)四个方面,对机电伺服控制系统的设计方法进行了介绍。首先,本章介绍了包括电流、速度、位置三个闭环控制器的设计方法;其次,介绍了控制器的离散化数字实现方法以及包括算术平均值滤波、移动平均滤波、数字低通滤波等多种滤波器的数字滤波技术,数字滤波技术可以对机电伺服控制系统中的干扰噪声实现有效抑制,有利于系统获得更优的控制性能;最后,介绍了解决机械谐振抑制问题的陷波器设计方法,陷波器可以在不影响其他频率信号的前提下对谐振频率点的信号做针对性滤除,因此削弱了谐振对控制带宽的限制,是提高机电伺服控制系统控制精度的有效方法。上述内容包含机电伺服控制系统设计所涉及的一些基础方法,读者在设计伺服控制系统时可以对其进行参考。

## 复习思考题

5-1　已知电流闭环传递函数等效为 $1/(0.0006s+1)$,转动惯量 $J$ 为 $1000\text{kg}\cdot\text{m}^2$,转矩系数 $K_t$ 为 $135\text{N}\cdot\text{m/A}$,一阶锁定转子谐振频率为 50Hz,谐振频率为 63Hz,根据频域设计法设计速度环 PI 控制器,给出速度环控制设计结果。

5-2　设计一个截止频率为 5Hz 的数字一阶低通滤波器,已知采样频率为 1kHz,给出一阶低通滤波器的传递函数表达式,并画出该滤波器的频率特性曲线。

5-3　给出习题 5-2 中一阶低通滤波器的数字实现离散化表达式。

5-4　针对习题 5-1 中的机电伺服控制系统,设计一个陷波器实现对机械谐振的有效抑制。给出陷波器的传递函数表达式,并画出该陷波器的频率特性曲线。对比加入陷波器前后,系统的速度阶跃响应性能。

# 第6章 机电伺服控制系统性能优化方法

在机电伺服控制系统实际工作过程中,其系统性能与控制方案设计、输入参考信号的类型以及内部和外部干扰等因素均相关。机电伺服控制系统在复杂扰动条件下或跟踪高动态特性的参考信号时,仅采用传统的控制方法和控制结构一般难以满足高精度的指标要求。科研人员经过多年的研究和改进,提出了一些优化机电伺服控制系统性能的方法,包括前馈控制方法、速度滞后补偿控制方法、加速度滞后补偿控制方法以及加速度反馈控制方法等。本章对上述几种典型的机电伺服控制系统性能优化方法依次进行介绍。

## 6.1 前 馈 控 制

### 6.1.1 前馈控制原理

在伺服控制系统的传统控制结构中,对于误差的校正均是基于反馈值形成闭环负反馈控制来实现的。闭环负反馈控制方法的校正原理是基于反馈误差消除误差,控制器的校正作用发生在被控量发生偏差之后。这种控制结构从理论上来说,在跟踪高动态信号时,由于相位衰减,跟踪误差会较大。在闭环负反馈控制系统中引入前馈控制,是一种提高机电伺服控制系统动态跟踪精度的有效方法。

前馈控制和闭环反馈控制相结合的系统,称为复合控制系统。前馈控制是一种开环控制,与闭环反馈控制之间的区别主要体现在:①前馈控制校正偏差的控制作用不是在系统被控量已经形成偏差之后才施加到系统的,因此前馈控制可产生比闭环反馈控制更为及时的控制作用。前馈控制不会受到系统中延时的影响,在跟踪变化率较大的参考指令时表现出良好的控制能力。②前馈控制没有反馈,不形成闭环,如果前馈控制器本身有误差,将全部导入系统形成输入误差。因此,前馈控制一般不单独使用,而是与闭环反馈控制相结合,发挥各自的优点,提高机电伺服控制系统的控制性能。

在机电伺服控制系统中引入前馈控制,控制结构框图如图 6-1 所示。$R(s)$ 为输入参考信号,$Y(s)$ 为输出响应信号,$G_{ff}(s)$ 为前馈控制通道传递函数,$G_{cp}(s)$ 为位置控制器,$G_1(s)$ 为速度闭环传递函数,$G_2(s)$ 为系统转速和位置之间的传递函数。

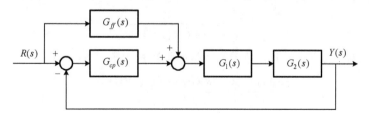

图 6-1 机电伺服控制系统前馈控制结构框图

在机电伺服控制系统中，$G_2(s)$ 可表达如下：

$$G_2(s) = \frac{1}{s} \tag{6.1}$$

系统完成速度闭环后，传递函数可等效为一个一阶惯性环节，表达式如下：

$$G_1(s) = \frac{K_\omega}{T_\omega s + 1} \tag{6.2}$$

通常情况下，$K_\omega = 1$。

位置控制器采用传统 PI 控制器，表达式如下：

$$G_{cp}(s) = k_p \frac{\tau_p s + 1}{\tau_p s} \tag{6.3}$$

可得，机电伺服控制系统输入参考信号和输出响应信号之间的传递函数表达式如下：

$$\frac{Y(s)}{R(s)} = \frac{G_{ff}(s)G_1(s)G_2(s) + G_{cp}(s)G_1(s)G_2(s)}{1 + G_{cp}(s)G_1(s)G_2(s)} \tag{6.4}$$

机电伺服控制系统的最终目标是系统的输出能够对给定输入实现完全复现，即 $Y(s)/R(s) = 1$。忽略噪声及干扰因素，可得前馈控制通道传递函数表达式：

$$G_{ff}(s) = \frac{1}{G_1(s)G_2(s)} \tag{6.5}$$

定义 $G(s) = G_1(s)G_2(s)$，可得前馈控制器表达式如下：

$$G_{ff}(s) = \frac{1}{G(s)} = \frac{T_\omega s^2 + s}{K_\omega} \tag{6.6}$$

由式 (6.6) 可以看出，在近似简化的机电伺服控制系统位置控制结构中，前馈控制可分为两个部分，分别为速度前馈控制和加速度前馈控制。

### 6.1.2 前馈控制对伺服控制系统的影响分析

机电伺服控制系统中未加入前馈控制时，输入参考信号和输出响应信号之间的传递函数（即位置闭环传递函数）表达式如下：

$$\frac{Y(s)}{R(s)} = \frac{G_{cp}(s)G(s)}{1 + G_{cp}(s)G(s)} \tag{6.7}$$

可得，系统的误差传递函数表达式如下：

$$\frac{E(s)}{R(s)} = \frac{1}{1 + G_{cp}(s)G(s)} \tag{6.8}$$

加入前馈控制 $G_{ff}(s)$，此时，位置闭环传递函数表达式如下：

$$\frac{Y(s)}{R(s)} = \frac{G_{ff}(s)G(s) + G_{cp}(s)G(s)}{1 + G_{cp}(s)G(s)} \tag{6.9}$$

对比式 (6.7) 和式 (6.9) 可以看出，加入前馈控制前后，位置闭环传递函数的分母不变。因此，前馈控制的加入不影响原系统的稳定性。

可得，系统的误差传递函数表达式如下：

$$\frac{E(s)}{R(s)} = \frac{1 - G_{ff}(s)G(s)}{1 + G_{cp}(s)G(s)} \tag{6.10}$$

可以看出，前馈控制增加了误差传递函数的零点个数，令 $1 - G_{ff}(s)G(s) = 0$，即可实现系统误差为零。

在实际的系统中，一般无法做到误差绝对为零。但是根据上述的推导可知，若选择合适的速度和加速度前馈系数形成前馈控制，可以在不影响原系统结构和稳定性的前提下，大幅提高跟踪精度。

### 6.1.3　前馈控制仿真举例

设定机电伺服控制系统仿真参数如下：电流闭环传递函数为 1，转矩系数 $K_t$ 为 34.965N·m/A，转动惯量 $J$ 为 3291kg·m²，速度控制器为 $G_{c\omega}(s) = 5868 + 46206/s$，位置控制器为 $G_{cp}(s) = 8.676 + 0.1/s$，速度控制器和位置控制器参数均固定不变。

给定斜率为 0.5°/s 的位置参考指令 $\theta_{ref} = 0.5t$（单位（°）），无前馈控制和加入速度前馈控制系统跟踪斜坡指令位置响应结果分别如图 6-2、图 6-3 所示。

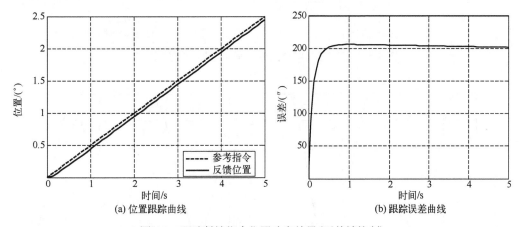

(a) 位置跟踪曲线　　　　　　　　　(b) 跟踪误差曲线

图 6-2　跟踪斜坡指令位置响应结果(无前馈控制)

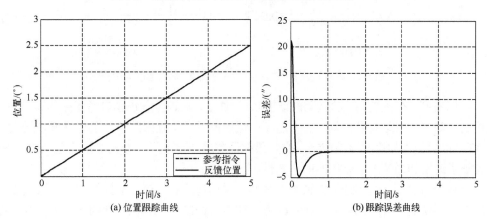

(a) 位置跟踪曲线　　　　　　　　　(b) 跟踪误差曲线

图 6-3　跟踪斜坡指令位置响应结果(加入速度前馈控制)

可以看到，未加入前馈控制的条件下，系统跟踪斜坡指令时，位置跟踪曲线出现了明显的跟踪误差，无法有效跟踪给定参考指令。加入速度前馈控制后，系统的反馈位置和参考指令基本重合，稳态时跟踪误差在 0 上下波动，基本可以实现对斜坡指令的无差跟踪。仿真结果验证了速度前馈的有效性。

给定变速度、变加速度的高动态位置参考指令，即位置正弦参考指令 $\theta_{ref} = 6\sin(0.5\,t)$（单位 °）。无前馈控制、加入速度前馈控制、同时加入速度和加速度前馈控制三种控制条件下，系统跟踪正弦参考指令位置响应结果如图 6-4～图 6-6 所示。

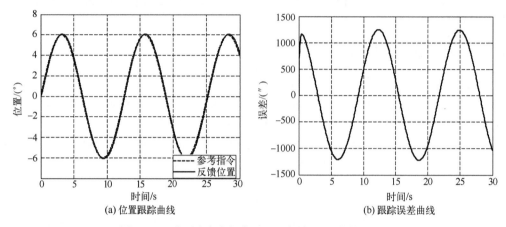

图 6-4　跟踪正弦参考指令位置响应结果（无前馈控制）

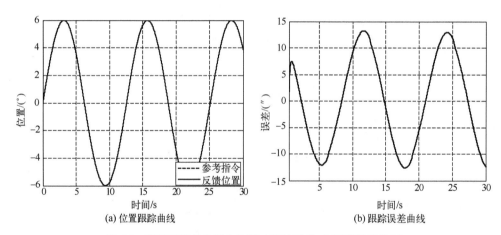

图 6-5　跟踪正弦参考指令位置响应结果（加入速度前馈控制）

可以看到，在传统 PI 控制（无前馈控制）条件下，跟踪位置正弦参考指令的误差较大，最大可达 1241″，跟踪效果较差。加入速度前馈控制后，位置跟踪误差迅速降低，最大误差约为 13.2″；再加入加速度前馈控制，位置跟踪误差进一步下降，最大误差约为 7.62″。仿真结果验证了速度和加速度前馈控制的有效性。

上述结果表明，适当选取前馈控制系数，采用速度和加速度前馈控制，可有效提高机电伺服控制系统的位置跟踪能力，在不改变系统原有控制参数和稳定性的条件下大幅度提高对高动态特性参考信号的跟踪精度。

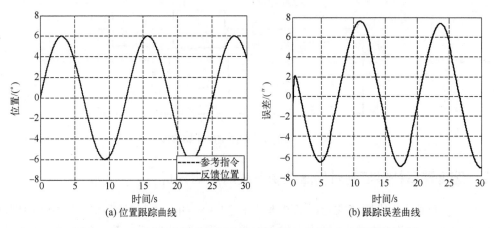

图 6-6　跟踪正弦参考指令位置响应结果（加入速度和加速度前馈控制）

## 6.2　速度滞后补偿控制

### 6.2.1　速度滞后补偿控制原理

6.1 节前馈控制的前提是能够获取位置参考指令的速度或加速度信号。在无法获取位置参考指令的上述信息的条件下,速度滞后补偿控制是提高机电伺服控制系统动态跟踪精度的有效方法。速度滞后补偿控制方法是将系统反馈的速度信息做低通滤波处理等效成目标的速度,再输入到速度控制器输入端,以提高机电伺服控制系统的跟踪精度。速度滞后补偿控制可等效视为在系统中引入经时间滞后的速度前馈控制,它的特点是在不增加系统带宽的条件下, 提高系统的跟踪精度。机电伺服控制系统速度滞后补偿控制结构框图如图 6-7 所示。

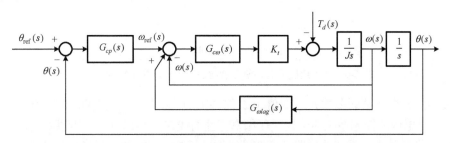

图 6-7　速度滞后补偿控制结构框图

速度滞后补偿环节的表达式如下:

$$G_{\omega lag}(s) = \frac{k_{\omega lag}}{T_{\omega lag}s+1} \tag{6.11}$$

为了便于分析,首先将速度闭环控制回路等效为一个惯性环节 $G_{\omega cl}(s)=1/(T_{\omega}s+1)$ ,机电伺服控制系统速度滞后补偿控制简化结构框图如图 6-8 所示。

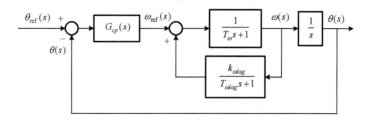

图 6-8　速度滞后补偿控制简化结构框图

## 6.2.2　速度滞后补偿控制对伺服控制系统的影响分析

　　加入速度滞后补偿控制前后，机电伺服控制系统的位置开环频率特性曲线如图 6-9 所示。可以看出，在伺服控制系统中加入速度滞后补偿控制后，系统的位置开环低频段增益提高，相角裕度降低；但是开环剪切频率基本不变，一般可认为与未加入速度滞后补偿控制时相同。

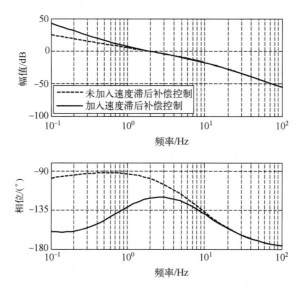

图 6-9　加入速度滞后补偿控制前后位置开环频率特性曲线

　　速度滞后补偿环节的参数 $T_{\omega lag}$ 取值 0.2 保持不变，参数 $k_{\omega lag}$ 分别取 0.2、0.4、0.6、0.8 等数值时，机电伺服控制系统的位置开环频率特性曲线如图 6-10 所示。可以看出，参数 $T_{\omega lag}$ 不变，$k_{\omega lag}$ 取值越大，系统的位置开环低频段增益越高，但是相角裕度损失增大。

　　速度滞后补偿环节的参数 $k_{\omega lag}$ 取值 0.8 保持不变，参数 $T_{\omega lag}$ 分别取 0.01、0.1、0.2 等数值时，机电伺服控制系统的位置开环频率特性曲线如图 6-11 所示。可以看出，参数 $k_{\omega lag}$ 不变，$T_{\omega lag}$ 取值越大，系统的位置环相角裕度越大，但是开环增益降低。

　　对于机电伺服控制系统来说，要提高系统的跟踪精度，需要增加低频段增益，且在不增加系统带宽的条件下还要保证中频带宽，以确保足够的稳定裕度。对于速度滞后补偿环节，增大参数 $k_{\omega lag}$ 和减小参数 $T_{\omega lag}$ 可提高系统的跟踪精度，但是由图 6-9 和图 6-10 的分析可知，这会降低系统的相角裕度，进而导致稳定性变差。因此，在实际的工程应用中，应折中考虑进行设计。一般参数 $k_{\omega lag}$ 的取值 $\leqslant 0.8$，参数 $T_{\omega lag}$ 的取值取决于机电伺服控制系统的位置环稳定裕度，当稳定裕度大时，$T_{\omega lag}$ 可设计为较小的数值。

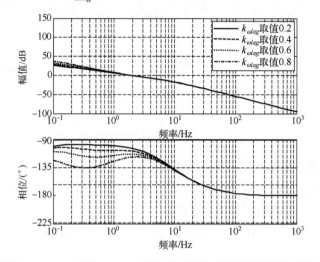

图 6-10　$T_{\omega lag}$ 不变，$k_{\omega lag}$ 取不同数值时位置开环频率特性曲线

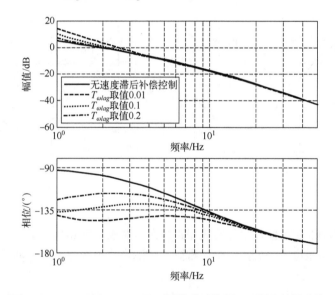

图 6-11　$k_{\omega lag}$ 不变，$T_{\omega lag}$ 取不同数值时位置开环频率特性曲线

### 6.2.3　速度滞后补偿控制仿真举例

系统仿真参数设置与 6.1 节相同，在机电伺服控制系统中加入速度滞后补偿控制，位置环控制器取 $G_{cp}(s)=11+1/s$ 且保持不变，给定 $\theta_{ref}=2\sin(0.2\,t)$（单位（°））的位置正弦参考指令，仿真分析速度滞后补偿控制以及其参数 $k_{\omega lag}$ 和 $T_{\omega lag}$ 对系统跟踪精度的影响。

未加入速度滞后补偿控制时，位置跟踪曲线和跟踪误差曲线如图 6-12 所示。此时，机电伺服控制系统的位置环相角裕度为 82°。可以看到，跟踪位置正弦参考指令的稳态最大误差约为 0.033°。

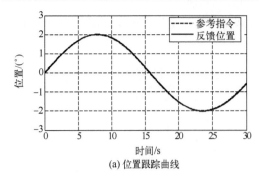

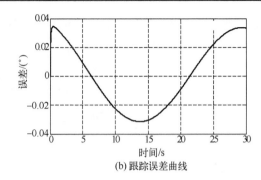

(a) 位置跟踪曲线　　　　　　　　　　　　　　(b) 跟踪误差曲线

图 6-12　未加入速度滞后补偿控制位置跟踪结果

### 1) 参数 $k_{\omega lag}$ 对系统跟踪精度的影响分析

参数 $T_{\omega lag}$ 取值 0.2 固定不变，改变参数 $k_{\omega lag}$ 的取值。对 $k_{\omega lag}$ 分别取 0.3、0.6、0.8 时的机电伺服控制系统位置跟踪结果进行仿真分析。

参数 $k_{\omega lag}$ 取值 0.3 时，位置跟踪曲线和跟踪误差曲线如图 6-13 所示。此时，机电伺服控制系统的位置环相角裕度为 74.6°。可以看到，跟踪位置正弦参考指令的稳态最大误差约为 0.0236°。

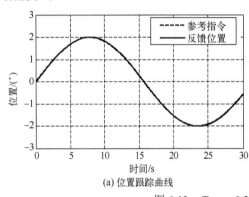

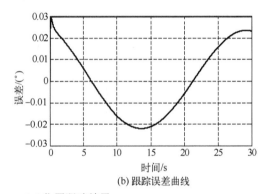

(a) 位置跟踪曲线　　　　　　　　　　　　　　(b) 跟踪误差曲线

图 6-13　$T_{\omega lag} = 0.2$，$k_{\omega lag} = 0.3$ 位置跟踪结果

参数 $k_{\omega lag}$ 取值 0.6 时，位置跟踪曲线和跟踪误差曲线如图 6-14 所示。此时，机电伺服控制系统的位置环相角裕度为 67.4°。可以看到，跟踪位置正弦参考指令的稳态最大误差约为 0.0134°。

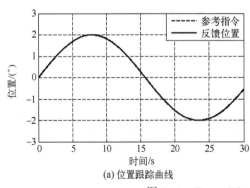

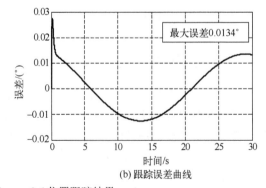

(a) 位置跟踪曲线　　　　　　　　　　　　　　(b) 跟踪误差曲线

图 6-14　$T_{\omega lag} = 0.2$，$k_{\omega lag} = 0.6$ 位置跟踪结果

参数 $k_{\omega lag}$ 取值 0.8 时，位置跟踪曲线和跟踪误差曲线如图 6-15 所示。此时，机电伺服控制系统的位置环相角裕度为 62.5°。可以看到，跟踪位置正弦参考指令的稳态最大误差约为 0.0068°。

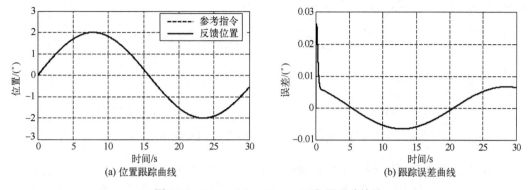

(a) 位置跟踪曲线　　　　　　　　　　　　(b) 跟踪误差曲线

图 6-15　$T_{\omega lag} = 0.2$，$k_{\omega lag} = 0.8$ 位置跟踪结果

由上述仿真结果可以看出，加入速度滞后补偿控制后，机电伺服控制系统跟踪位置正弦参考指令的误差得到有效降低；参数 $T_{\omega lag}$ 不变，不断增加参数 $k_{\omega lag}$ 的取值，机电伺服控制系统的稳态最大误差从 0.0236° 降低到 0.0068°，系统跟踪精度显著提高，但是系统的位置环相角裕度不断减小。

### 2）参数 $T_{\omega lag}$ 对系统跟踪精度的影响分析

参数 $k_{\omega lag}$ 取值 0.8 固定不变，改变参数 $T_{\omega lag}$ 的取值。对 $T_{\omega lag}$ 分别取 0.05、0.1、0.5 时的机电伺服控制系统位置跟踪结果进行仿真分析。

参数 $T_{\omega lag}$ 取值 0.05 时，位置跟踪曲线和跟踪误差曲线如图 6-16 所示。此时，机电伺服控制系统的位置环相角裕度为 34.8°。可以看到，跟踪位置正弦参考指令的稳态最大误差约为 0.00625°。

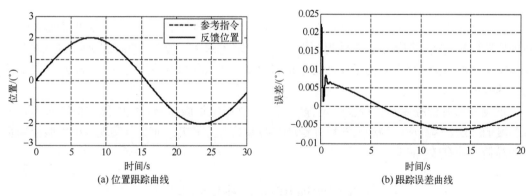

(a) 位置跟踪曲线　　　　　　　　　　　　(b) 跟踪误差曲线

图 6-16　$k_{\omega lag} = 0.8$，$T_{\omega lag} = 0.05$ 位置跟踪结果

参数 $T_{\omega lag}$ 取值 0.1 时，位置跟踪曲线和跟踪误差曲线如图 6-17 所示。此时，机电伺服控制系统的位置环相角裕度为 49.1°。可以看到，跟踪位置正弦参考指令的稳态最大误差约为 0.00629°。

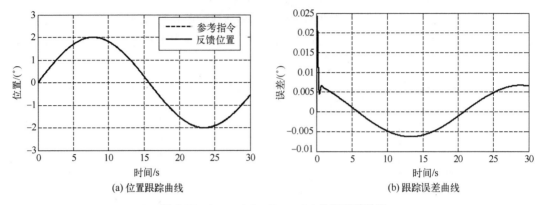

图 6-17　$k_{\omega lag}=0.8$，$T_{\omega lag}=0.1$ 位置跟踪结果

参数 $T_{\omega lag}$ 取值 0.5 时，位置跟踪曲线和跟踪误差曲线如图 6-18 所示。此时，机电伺服控制系统的位置环相角裕度为 73.8°。可以看到，跟踪位置正弦参考指令的稳态最大误差约为 0.007°。

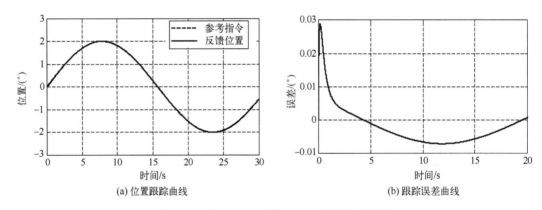

图 6-18　$k_{\omega lag}=0.8$，$T_{\omega lag}=0.5$ 位置跟踪结果

由上述仿真结果可以看出，参数 $k_{\omega lag}$ 不变，不断增加参数 $T_{\omega lag}$ 的取值，机电伺服控制系统的位置环相角裕度增大，稳定性得到提高；但其稳态最大误差从 0.00625° 增大到 0.007°，稳态跟踪精度下降。因此，为了保证稳态跟踪精度，在系统稳定的前提下，一般 $T_{\omega lag}$ 取尽可能小的数值。

速度滞后补偿控制是一种在一定程度上以牺牲机电伺服控制系统的稳定裕度来提高跟踪精度的方法，因此应适当选取滞后补偿环节的参数 $k_{\omega lag}$ 和 $T_{\omega lag}$ 值，以实现机电伺服控制系统跟踪精度的有效提高。

# 6.3　加速度滞后补偿控制

## 6.3.1　加速度滞后补偿控制原理

速度滞后补偿控制是在无法获取目标的速度和加速度信息的条件下，提高整个系统跟踪精度的有效方法。但是当伺服系统跟踪变速度、变加速度的高动态参考信号时，仅仅加入速度滞后补偿控制，提升系统跟踪精度的能力有限。因此，有研究人员提出加速度滞后补偿的控制方法，以进一步提高机电伺服控制系统的跟踪精度。

加速度滞后补偿是在速度滞后补偿的基础上，将经过低通滤波的速度信息再进行微分处理和低通滤波处理等效成目标的加速度，并补偿到速度控制器的输入端。加速度滞后补偿控制可视为在系统中引入经时间滞后的加速度前馈控制，机电伺服控制系统加速度滞后补偿控制结构框图如图 6-19 所示。

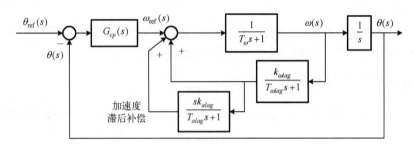

图 6-19  加速度滞后补偿控制结构框图

值得注意的是，加速度滞后补偿环节是由速度滞后补偿环节串联引出的，将速度进行微分得到加速度。但是，由于速度信号一般由编码器等角位置检测元件的数据差分获取，本身就含有一定的噪声，因此，再对速度信号进行微分求加速度，会把噪声放大，所以需要对微分得到的加速度信号进行滤波处理。

加速度滞后补偿环节一般设计为如下形式：

$$G_{alag}(s) = \frac{sk_{alag}}{T_{alag}s + 1} \tag{6.12}$$

## 6.3.2  加速度滞后补偿控制对伺服控制系统的影响分析

对于机电伺服控制系统，位置误差传递函数 $\phi_E(s)$ 表达式如下：

$$\phi_E(s) = \frac{1}{1 + G_{po}(s)} \tag{6.13}$$

式中，$G_{po}(s)$ 为位置开环传递函数。

只含有速度滞后补偿环节时，位置开环传递函数表达式如下：

$$G_{po}(s) = G_{cp}(s) \cdot \frac{G_{\omega cl}(s)}{1 - G_{\omega cl}(s)G_{\omega lag}(s)} \cdot \frac{1}{s} \tag{6.14}$$

式中，$G_{\omega cl}(s)$ 为速度闭环传递函数

当机电伺服控制系统同时包含速度滞后补偿环节和加速度滞后补偿环节时，位置开环传递函数表达式如下：

$$G_{po}(s) = G_{cp}(s) \cdot \frac{G_{\omega cl}(s)}{1 - G_{\omega cl}(s)G_{\omega lag}(s) - G_{\omega cl}(s)G_{\omega lag}(s)G_{alag}(s)} \cdot \frac{1}{s} \tag{6.15}$$

比较式(6.14)和式(6.15)可以看出，加速度滞后补偿环节进一步提高了位置开环传递函数的增益，进而降低了位置误差传递函数的增益，可有效提高机电伺服控制系统的跟踪精度。

从频域角度分析，伺服控制系统中加入加速度滞后补偿环节后，系统的开环剪切频率仍然基本不变，相位裕度进一步降低，但在中低频段，系统增益明显提高。此外，有研究人员从系统速度、加速度品质因数的角度分析了加速度滞后补偿对机电伺服控制系统的影响，根据系统的位置误差函数推导出系统的速度、加速度品质因数，得出如下结论：①加速度滞后补偿并不改变系统的速度品质因数；②加速度滞后补偿提高了系统的加速度品质因素，从而提高了系统的跟踪精度。

综上所述，速度滞后补偿和加速度滞后补偿，有效提高了系统的低频段和中频段的增益，最终表现为对于低频段和中频段参考信号的跟踪精度的提高。

### 6.3.3　加速度滞后补偿控制仿真举例

在机电伺服控制系统中速度滞后补偿控制的基础上，再加入加速度滞后补偿控制。给定位置正弦参考指令 $\theta_{ref} = 2\sin(0.5t)$（单位(°)），位置环控制器为 PI 控制器且参数保持不变，速度滞后补偿环节为 $0.8/(0.2s+1)$ 且保持不变，仿真分析加速度滞后补偿控制以及参数 $k_{alag}$ 和 $T_{alag}$ 对系统跟踪精度的影响。

在此条件下，速度滞后补偿控制位置跟踪结果如图 6-20 所示，此时稳态最大误差约为 0.02°。

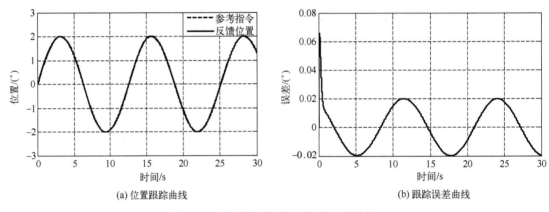

（a）位置跟踪曲线　　　　　　　　　　　　　（b）跟踪误差曲线

图 6-20　速度滞后补偿控制位置跟踪结果

**1）参数 $k_{alag}$ 对系统跟踪精度的影响分析**

加入加速度滞后补偿控制，$T_{alag}$ 取值 0.3 不变，$k_{alag}$ 分别取值 0.05、0.4 条件下的位置跟踪结果如图 6-21、图 6-22 所示。

可以看出，在速度滞后补偿控制的基础上加入加速度滞后补偿控制，系统的跟踪精度得到了进一步提高。在参数 $T_{alag}=0.3$ 不变的条件下，增加参数 $k_{alag}$ 的取值，系统的稳定性降低，但是稳态跟踪精度得到提高，稳态最大误差从 0.0191° 降低到了 0.0166°。

**2）参数 $T_{alag}$ 对系统跟踪精度的影响分析**

加入加速度滞后补偿控制，$k_{alag}$ 取值 0.4 不变，$T_{alag}$ 分别取值 0.1、0.5 条件下的位置跟踪结果如图 6-23、图 6-24 所示。

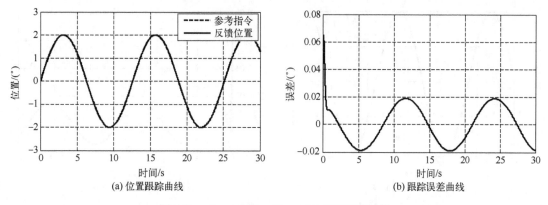

图 6-21　$k_{alag} = 0.05$，$T_{alag} = 0.3$ 位置跟踪结果

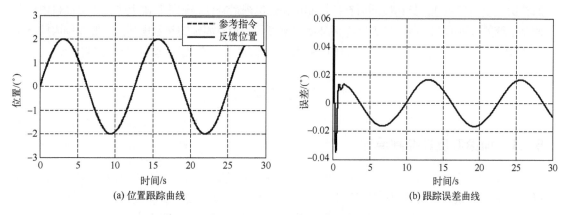

图 6-22　$k_{alag} = 0.4$，$T_{alag} = 0.3$ 位置跟踪结果

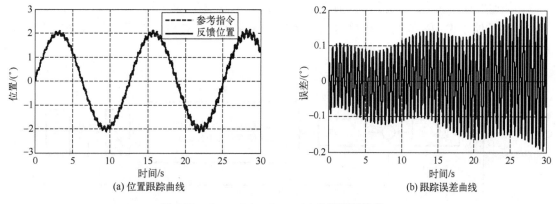

图 6-23　$k_{alag} = 0.4$，$T_{alag} = 0.1$ 位置跟踪结果

　　可以看出，当参数 $T_{alag}$ 降低至 0.1 时，机电伺服控制系统的稳定性降低，甚至出现了发散不稳定现象。由于加速度滞后补偿进一步降低了系统的相位裕度，为了保证系统稳定性，参数 $T_{alag}$ 取值不能过小。

　　上述仿真结果分析了加速度滞后补偿控制参数对系统跟踪精度的影响，验证了加速度滞

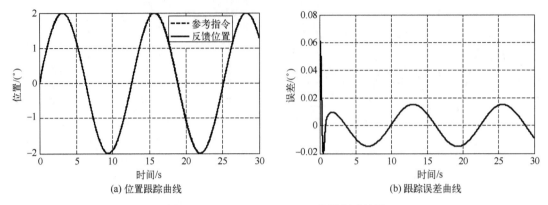

(a) 位置跟踪曲线　　　　　　　　　　　　　　(b) 跟踪误差曲线

图 6-24　$k_{alag} = 0.4$，$T_{alag} = 0.5$ 位置跟踪结果

后补偿控制的有效性。加速度滞后补偿控制可在速度滞后补偿控制的基础上进一步提高机电伺服控制系统的位置跟踪精度。加速度滞后补偿控制参数尚没有固定的整定规则，一般在伺服控制系统速度滞后补偿设计完成后，再结合仿真和实测数据选取合适的加速度滞后补偿控制参数。

# 6.4　加速度反馈控制

## 6.4.1　加速度反馈控制原理

在机电伺服控制系统中，不可避免会存在各种形式的干扰，导致伺服控制系统控制性能降低。通常情况下，采用提高速度环、位置环控制增益的方法可以降低系统对于外界干扰的灵敏度，提高系统的鲁棒性。但是，伺服控制系统的控制带宽不能无限增大，仅通过速度、位置两个闭环控制回路难以满足复杂扰动下伺服控制系统的高精度控制要求。在此条件下，增加加速度反馈回路，进行加速度闭环控制是实现系统抗扰动能力提升的有效方法。

为了便于说明，首先分析机电伺服控制系统常规闭环控制结构下的抗扰动能力，如图 6-25 所示。

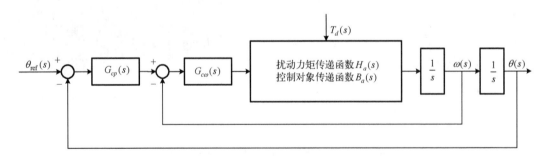

图 6-25　机电伺服控制系统速度闭环控制结构框图

机电伺服控制系统的速度 $\omega(s)$ 表达式如下：

$$\omega(s) = \frac{H_a(s)/s}{1 + G_{c\omega}(s)B_a(s)/s} \cdot T_d(s) + \frac{G_{c\omega}(s)B_a(s)/s}{1 + G_{c\omega}(s)B_a(s)/s} \cdot \omega_{\text{ref}}(s) \tag{6.16}$$

令 $H_\omega(s) = H_a(s)/s$，$B_\omega(s) = B_a(s)/s$，可得

$$\omega(s) = \frac{H_\omega(s)}{1 + G_{c\omega}(s)B_\omega(s)} \cdot T_d(s) + \frac{G_{c\omega}(s)B_\omega(s)}{1 + G_{c\omega}(s)B_\omega(s)} \cdot \omega_{\mathrm{ref}}(s) \tag{6.17}$$

定义 $S_\omega(s) = \dfrac{1}{1 + G_{c\omega}(s)B_\omega(s)}$ 为速度敏感函数，$T_\omega(s) = 1 - S_\omega(s) = \dfrac{G_{c\omega}(s)B_\omega(s)}{1 + G_{c\omega}(s)B_\omega(s)}$，可得机电伺服控制系统的位置 $\theta(s)$ 表达式如下：

$$\theta(s) = \frac{1}{s}S_\omega(s)H_\omega(s) \cdot T_d(s) + \frac{1}{s}T_\omega(s) \cdot \omega_{\mathrm{ref}}(s) \tag{6.18}$$

式 (6.18) 中，$\omega_{\mathrm{ref}}(s) = G_{cp}(s) \cdot (\theta_{\mathrm{ref}}(s) - \theta(s))$，可得

$$\theta(s) = \frac{1}{s}S_\omega(s)H_\omega(s) \cdot T_d(s) + \frac{1}{s}T_\omega(s)G_{cp}(s) \cdot (\theta_{\mathrm{ref}}(s) - \theta(s)) \tag{6.19}$$

定义 $S_\theta(s) = \dfrac{1}{1 + G_{cp}(s)T_\omega(s)/s}$ 为位置敏感函数，$H_\theta(s) = H_\omega(s)/s$，可得

$$\theta(s) = H_\theta(s)S_\omega(s)S_\theta(s) \cdot T_d(s) + \frac{1}{s}S_\theta(s)G_{cp}(s)T_\omega(s) \cdot \theta_{\mathrm{ref}}(s) \tag{6.20}$$

由式 (6.20) 可以看出，机电伺服控制系统位置环因扰动引起的位置变化量主要取决于扰动力矩到位置误差之间的传递函数，假设位置参考输入 $\theta_{\mathrm{ref}}$ 为 0，可得

$$\frac{\Delta\theta(s)}{T_d(s)} = H_\theta(s)S_\omega(s)S_\theta(s) \tag{6.21}$$

经推导，可得

$$\frac{\Delta\theta(s)}{T_d(s)} = \frac{H_a(s)/s^2}{1 + G_{c\omega}(s)B_a(s)/s + G_{cp}(s)G_{c\omega}(s)B_a(s)/s^2} \tag{6.22}$$

机电伺服控制系统的跟踪精度与传递函数 $H_\theta(s)$、位置敏感函数 $S_\theta(s)$ 和速度敏感函数 $S_\omega(s)$ 有关。对于机电伺服控制系统来说，增加系统的速度环和位置环控制带宽可有效降低扰动力矩对于跟踪精度的影响。

基于加速度反馈控制的机电伺服控制系统闭环控制结构框图如图 6-26 所示。在常规速度和位置闭环控制的基础上，增加了加速度闭环控制回路，$G_a(s)$ 为加速度反馈控制器。

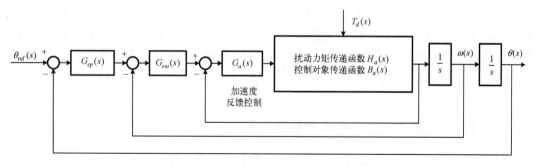

图 6-26　基于加速度反馈控制的机电伺服控制系统闭环控制结构框图

此时，机电伺服控制系统的加速度 $a(s)$ 表达式如下：

$$a(s) = \frac{H_a(s)}{1 + G_a(s)B_a(s)} \cdot T_d(s) + \frac{G_a(s)B_a(s)}{1 + G_a(s)B_a(s)} \cdot a_{\text{ref}}(s) \tag{6.23}$$

对其进行积分,可得速度 $\omega(s)$ 表达式如下:

$$\omega(s) = \frac{1}{s} \cdot \frac{H_a(s)}{1 + G_a(s)B_a(s)} \cdot T_d(s) + \frac{1}{s} \cdot \frac{G_a(s)B_a(s)}{1 + G_a(s)B_a(s)} \cdot a_{\text{ref}}(s) \tag{6.24}$$

式 (6.24) 中, $a_{\text{ref}}(s) = G_{c\omega}(s)(\omega_{\text{ref}}(s) - \omega(s))$,可得

$$\omega(s) = \frac{1}{s} \cdot \frac{H_a(s)}{1 + G_a(s)B_a(s)} T_d(s) + \frac{1}{s} \cdot \frac{G_a(s)B_a(s)}{1 + G_a(s)B_a(s)} G_{c\omega}(s)(\omega_{\text{ref}}(s) - \omega(s)) \tag{6.25}$$

定义 $S_a(s) = \dfrac{1}{1 + G_a(s)B_a(s)}$ 为加速度敏感函数,令 $H_\omega(s) = \dfrac{1}{s} H_a(s)$, $G_\omega^*(s) = \dfrac{1}{s} \cdot \dfrac{G_a(s)B_a(s)}{1 + G_a(s)B_a(s)}$, $S_\omega^*(s) = \dfrac{1}{1 + G_{c\omega}(s)S_\omega^*(s)}$, $T_\omega^*(s) = \dfrac{G_{c\omega}(s)G_\omega^*(s)}{1 + G_{c\omega}(s)G_\omega^*(s)}$,进一步整理可得位置 $\theta(s)$ 表达式如下:

$$\theta(s) = H_\theta(s)S_a(s)S_\omega^*(s)S_\theta^*(s) \cdot T_d(s) + \frac{1}{s} S_\theta^*(s)T_\omega^*(s)G_{cp}(s) \cdot \theta_{\text{ref}}(s) \tag{6.26}$$

式中, $S_\theta^*(s) = \dfrac{1}{1 + G_{cp}(s)T_\omega^*(s)/s}$。

假设位置参考输入 $\theta_{\text{ref}}$ 为 0,可得扰动力矩到位置误差之间的传递函数表达式如下:

$$\frac{\Delta\theta(s)}{T_d(s)} = H_\theta(s)S_a(s)S_\omega^*(s)S_\theta^*(s) \tag{6.27}$$

经推导,可得

$$\frac{\Delta\theta(s)}{T_d(s)} = \frac{H_a(s)/s^2}{1 + G_a(s)B_a(s) + G_{c\omega}(s)G_a(s)B_a(s)/s + G_{cp}(s)G_{c\omega}(s)G_a(s)B_a(s)/s^2} \tag{6.28}$$

对比式 (6.22) 和式 (6.28) 可以看出,加速度反馈控制的加入,可降低机电伺服控制系统对于扰动力矩的敏感度,提高系统的鲁棒性。

在机电伺服控制系统中实现加速度反馈控制,还有一个关键环节:加速度信号的获取。加速度信号作为加速度闭环控制中的反馈信号,其准确度直接影响加速度闭环控制的精度。目前,获取加速度信号主要有三种方法:①使用加速度信号传感器进行测量,获得加速度信号;②对速度信号进行差分,获得加速度信号;③采用加速度信号观测器,获得估计的加速度信号。具体可根据实际情况选取适当的方法以尽可能获取高精度加速度信号。

### 6.4.2 加速度反馈控制对伺服控制系统的影响分析

加速度反馈控制作为速度环的内环,主要用于提高速度环的抗扰动能力。此节以速度环为主要研究对象,分析加速度反馈控制对伺服控制系统的影响,闭环控制结构框图如图 6-27 所示。

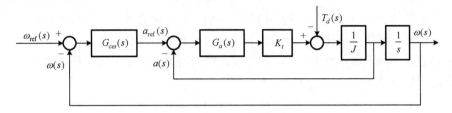

图 6-27　基于加速度反馈控制的机电伺服控制系统闭环控制结构框图

为了便于分析，假定加速度反馈控制器为比例控制器，表达式如下：

$$G_a(s) = k_a \tag{6.29}$$

加入加速度反馈控制器之前，伺服控制系统的速度开环传递函数表达式如下：

$$G_{o\omega1}(s) = \frac{G_{c\omega}(s)K_t}{Js} \tag{6.30}$$

加入加速度反馈控制器之后，伺服控制系统的速度开环传递函数表达式如下：

$$G_{o\omega2}(s) = G_{c\omega}(s)\frac{1}{s}\frac{G_a(s)K_t\dfrac{1}{J}}{1+G_a(s)K_t\dfrac{1}{J}} = \frac{G_{c\omega}(s)G_a(s)K_t}{(J+G_a(s)K_t)s} \tag{6.31}$$

进一步可得

$$\frac{G_{o\omega2}(s)}{G_{o\omega1}(s)} = \frac{JG_a(s)}{J+G_a(s)K_t} \tag{6.32}$$

由式(6.32)可以看出，加速度反馈控制会改变机电伺服控制系统的速度开环增益。$k_a$ 取值为 5 时，加入加速度反馈控制前后，速度开环频率特性曲线对比如图 6-28 所示。可以看到，对于大惯量的机电伺服控制系统，加入加速度反馈控制后，速度开环幅频特性一般整体上移。

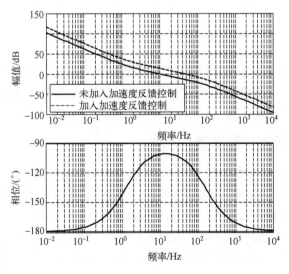

图 6-28　速度开环频率特性曲线对比

加速度反馈控制在提高机电伺服控制系统的鲁棒性的同时，也改变了速度环的开环频率特性，由于机电伺服控制系统的控制结构是由内而外依次串联的，因此后续的伺服控制器设计需要对速度开环增益的变化进行一定的补偿，以保证系统的稳定性。

假定转速参考输入 $\omega_{ref}$ 为 0，加入加速度反馈控制之前，速度误差和扰动力矩之间的传递函数表达式如下：

$$\frac{\Delta\omega(s)}{T_d(s)} = \frac{1}{Js + G_{c\omega}(s)K_t} \tag{6.33}$$

加入加速度反馈控制后，速度误差和扰动力矩之间的传递函数表达式如下：

$$\frac{\Delta\omega(s)}{T_d(s)} = \frac{1}{(J + G_a(s)K_t)\ s + G_{c\omega}(s)G_a(s)K_t} \tag{6.34}$$

$k_a$ 取值为 5 时，加入加速度反馈控制前后，机电伺服控制系统的扰动力矩和速度误差之间的传递函数(即抗扰动特性)曲线对比如图 6-29 所示。

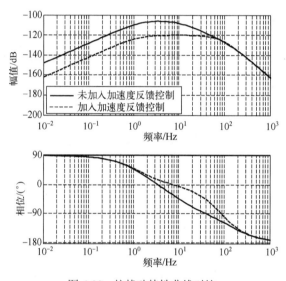

图 6-29　抗扰动特性曲线对比

可以看到，加入加速度反馈控制后，扰动力矩和速度误差之间的传递函数曲线在中、低频的幅值增益大幅降低，表明机电伺服控制系统的抗中、低频扰动能力得到增强，因此可有效提高伺服控制系统的控制性能。

### 6.4.3　加速度反馈控制仿真举例

系统仿真参数设置与 6.1 节相同，在相同扰动力矩、速度和位置控制器的条件下，对比加入加速度反馈控制前后系统的速度和位置控制性能，以验证加速度反馈控制的有效性。

机电伺服控制系统速度闭环，给定 1°/s 的速度参考信号，在 $t = 5$s 处加入 200N·m 的负载扰动力矩。加入加速度反馈控制前后，在扰动条件下系统的速度响应结果对比如图 6-30 所示。

可以看到，未加入加速度反馈控制时，扰动力矩导致转速出现最大幅值 0.05°/s 的波动，且经过 0.53s 的调节时间，转速重新恢复到稳态；加入加速度反馈控制后，在相同强度的扰动力矩下，转速波动最大幅值降低为 0.01°/s，且经过 0.35s 的调节时间，转速便可恢复到稳态。相比于传统的控制方法，加速度反馈控制可有效降低机电伺服控制系统速度环对于扰动的敏感度，获得更高的速度控制精度。

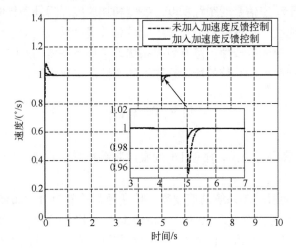

图 6-30　扰动条件下速度响应结果对比

机电伺服控制系统位置闭环，给定 2° 的位置参考指令，在 $t=5\mathrm{s}$ 处加入 $500\mathrm{N\cdot m}$ 的负载扰动力矩。加入加速度反馈控制前后系统扰动条件下位置响应结果对比如图 6-31 所示。

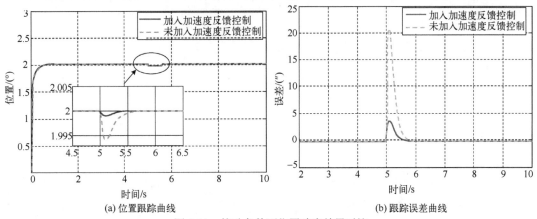

(a) 位置跟踪曲线　　　　　　　　　　(b) 跟踪误差曲线

图 6-31　扰动条件下位置响应结果对比

可以看到，存在 $500\mathrm{N\cdot m}$ 扰动力矩的条件下，采用加速度反馈控制前后，位置波动幅值分别为 20.9″ 和 3.56″，位置响应恢复到稳态所需时间分别为 1.08s 和 0.73s。加速度反馈控制降低了位置波动幅值并减少了调节时间，提高了扰动条件下机电伺服控制系统的位置控制精度。

上述仿真结果表明，加速度反馈控制可有效提高机电伺服控制系统的抗扰动能力，提高系统的速度和位置控制精度。

# 6.5　小　　结

本章介绍了包括前馈控制、速度滞后补偿控制、加速度滞后补偿控制和加速度反馈控制在内的四种优化机电伺服控制系统跟踪精度的方法，并给出了相应的设计原理和仿真举例。前馈控制适用于可获取参考指令的速度、加速度信息的系统，通过施加速度前馈或加速度前馈控制，提高系统对于动态信号的跟踪精度。速度和加速度滞后补偿控制适用于无法施加前馈控制的系统，通过速度、加速度滞后补偿控制可有效提高系统的动态跟踪精度。加速度反馈控制主要用于提高系统的鲁棒性，可有效提高扰动条件下系统的跟踪精度。在实际的应用过程中，可依据机电伺服控制系统的情况选取不同的性能优化方法。

# 复习思考题

6-1　根据本章内容进行总结，描述机电伺服控制系统速度前馈控制和速度滞后补偿控制的区别。

6-2　假定某机电伺服控制系统的速度闭环传递函数等效为 $1/(0.015s+1)$，设计位置环 PI 控制器。给定位置参考指令 $\theta_{\text{ref}} = 0.2t + 3\sin(0.3t)$（单位：（°）），依次加入速度滞后补偿控制器和加速度滞后补偿控制器，仿真给出系统对位置参考指令的跟踪结果对比。

6-3　某机电伺服控制系统的参数如下：转矩系数 $K_t$ 为 16N·m/A，转动惯量 $J$ 为 500kg·m$^2$。假设电流闭环传递函数为 1，按照频域设计法设计速度环 PI 控制器，开环截止频率 $\omega_c$ 取 15Hz，并给出速度敏感函数表达式及速度开环频率特性曲线。

6-4　在习题 3 的基础上，加入加速度反馈控制，并给出速度敏感函数表达式及速度开环频率特性曲线。

# 第 7 章　机电伺服控制系统饱和非线性控制

在机电伺服控制系统中，通常情况下由电流环作为内环，保证系统的转矩响应速度；速度环作为外环，给电流环提供电流参考指令；位置环作为最外环，给速度环提供速度参考指令，由内而外完成多环路闭环控制。但是，由于伺服控制系统的功率变换器容量、电机功率以及过流过压保护等因素的影响，一般会对速度控制器输出的电流参考指令进行限幅处理。此外，出于对系统安全等因素的考虑，一般也会对运行最大速度进行限制，即对位置控制器输出的速度参考指令进行限幅处理。因此，在机电伺服控制系统中普遍存在饱和非线性环节。对于常规的 PI 等控制器来说，其设计参数均为线性区域的整定结果，这意味着控制器只有工作在线性区域才能保证它本身的控制效果。而机电伺服控制系统中的限幅环节往往会导致控制器进入饱和状态。饱和状态的控制器工作在非线性区域，进而会出现积分饱和现象，导致系统控制性能下降。本章对机电伺服控制系统中的饱和非线性问题(即积分饱和问题)及其解决方法进行详细介绍，使读者在面对该类问题时可参考相应方法进行抗积分饱和设计，以提高机电伺服控制系统的控制性能。

## 7.1　积分饱和问题

积分饱和问题主要来源于系统控制器中的积分环节和输出限幅环节,本节基于 PI 控制器介绍机电伺服控制系统的积分饱和问题及其对系统速度控制性能的影响。含有饱和非线性环节(即限幅环节)的机电伺服控制系统速度控制结构框图如图 7-1 所示。

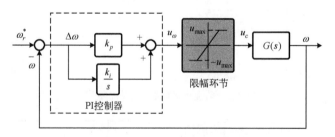

图 7-1　具有限幅环节的机电伺服控制系统速度控制结构框图

以速度环 PI 控制器为例，控制器离散化后的数学表达式如下：

$$u_\omega(k) = k_p e(k) + k_i \sum T_s e(k) \tag{7.1}$$

式中，$u_\omega(k)$ 为第 $k$ 次采样时刻控制器输出的控制量；$e(k)$ 为第 $k$ 次采样时刻输入的误差量；$T_s$ 为采样周期。

在机电伺服控制系统中，实际的控制量往往受到系统执行机构性能的限制，不能无限输出而是限制在一定的范围内。限幅环节表达式如下：

$$u_c = \begin{cases} +u_{\max}, & u_\omega > +u_{\max} \\ u_\omega, & |u_\omega| \leqslant u_{\max} \\ -u_{\max}, & u_\omega < -u_{\max} \end{cases} \tag{7.2}$$

由式(7.2)可知，若控制器输出的控制量在限幅范围内(即$|u_\omega| \leqslant u_{\max}$)，那么 PI 控制器的校正能力就可以达到预期。若控制器输出的控制量超过限幅幅值(即$|u_\omega| > u_{\max}$)，那么系统的实际控制量就不再变化，而是恒等于限幅值，控制器进入饱和非线性工作状态。

以控制器输出控制量$u_\omega > +u_{\max}$为例，此时系统进入饱和非线性工作状态，实际控制量为恒值$+u_{\max}$。但是，控制器的积分作用并未停止，积分量持续增加。虽然被控对象的误差在不断减小，但是由于控制量处于恒值状态，相比于没有限幅的状态，误差降低的速度更慢；误差会在更长的时间内保持为正值，进而导致控制器的积分项产生较大的累积积分量。当被控对象的误差开始出现负值时，系统才开始有能力逐渐退出饱和非线性状态。但是由于控制器的积分项已经有较大的累积积分量，控制器需要一段时间才能退出饱和非线性状态，进而导致系统响应超调量变大，调节时间变长。这种由于控制系统限幅，控制器中积分量累积，而导致系统的响应性能变差的现象，称为积分饱和现象。一般在机电伺服控制系统中出现大的速度参考信号或者突加较大负载转矩的条件下，控制器比较容易进入饱和非线性工作状态，进而出现积分饱和现象。

机电伺服控制系统速度控制器参数不变，给定 5°/s 速度参考指令，加入限幅环节前后，系统的速度响应曲线和实际的控制量响应曲线分别如图 7-2、图 7-3 所示。

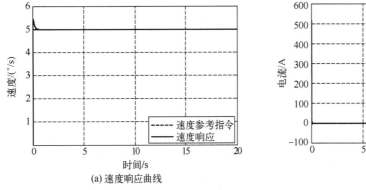 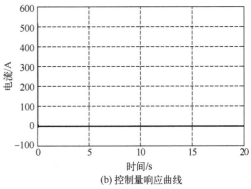

(a) 速度响应曲线                      (b) 控制量响应曲线

图 7-2　系统响应曲线(无限幅环节)

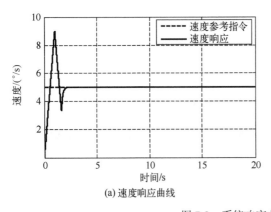 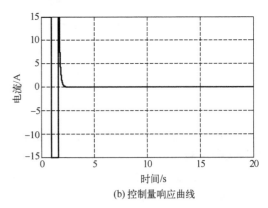

(a) 速度响应曲线                      (b) 控制量响应曲线

图 7-3　系统响应曲线(有限幅环节)

　　可以看到,对于无限幅环节系统,在初始阶段误差较大时,控制量迅速上升到很大数值;速度响应快速增大直至跟踪上速度参考指令,控制量再迅速降低到稳态数值;速度响应调节时间短,超调量小。对于存在限幅环节的系统,在初始阶段误差较大时,控制器输出很快进入限幅饱和状态,因此速度响应上升较慢;但是当速度增大至给定数值时,控制器仍无法立即退出饱和非线性工作状态;积分饱和导致机电伺服控制系统速度响应出现较大的超调量,调节时间变长,动态响应性能变差。

　　对于 PI 等带有积分环节的控制器来说,在应用过程中普遍会面临积分饱和问题。因此需要研究抗积分饱和控制方法,对积分饱和现象进行抑制,以提高机电伺服控制系统的控制性能。

## 7.2　抗积分饱和控制方法

　　积分环节和输出限幅环节是积分饱和现象产生的主要原因。限幅环节是实际机电伺服控制系统中的必要环节,不可避免。那么解决积分饱和问题可从另一个来源入手:积分环节。目前,研究人员提出了很多抗积分饱和控制方法,包括条件积分法、反计算法以及新型抗积分饱和控制方法等,本节对上述方法依次进行介绍。

### 7.2.1　条件积分法

　　条件积分法,也叫积分分离法,它是依据系统状态决定积分环节在控制器中是否起作用的。条件积分法主要分为两类:①基于控制误差的大小控制积分器的开关,即基于误差的条件积分法;②基于控制器输出控制量的大小控制积分器的开关,即基于控制量的条件积分法。

　　条件积分法的控制结构框图如图 7-4 所示,条件积分法属于一种非线性控制方法,积分器只有在系统状态满足相应条件时才会启用。以 PI 控制为例,在条件积分法控制下,系统控制器将在 P 和 PI 两种控制模式之间进行切换。

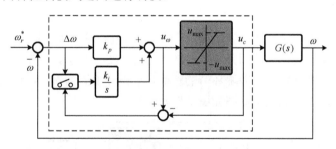

图 7-4　条件积分法控制结构框图

#### 1)基于误差的条件积分法

　　基于误差的条件积分法的基本思想是,当被控系统误差较大时,取消积分作用,避免由于积分作用累积较大的控制量而导致系统超调量增大;当被控系统误差较小时,启动积分作用,利用积分控制消除系统静差,提高控制精度。

　　基于误差的条件积分法 PI 控制器表达式如下:

$$u_\omega(k) = k_p e(k) + \alpha \cdot k_i \sum T_s e(k)$$

$$(7.3)$$

式中，$\alpha$ 为决定积分器开启和关闭的开关因子。

$\alpha$ 表达式如下：

$$\alpha = \begin{cases} 0, & |e(k)| > \sigma \\ 1, & |e(k)| \leqslant \sigma \end{cases} \tag{7.4}$$

基于误差的条件积分法，其关键在于选取一个合适的误差阈值 $\sigma$，以误差阈值为基准判断开启或关闭积分器。当误差大于阈值时，关闭积分器，仅用比例控制器，既保证快速响应，又避免较大超调量；当误差小于阈值时，开启积分器，保证系统的控制精度。但是，误差阈值 $\sigma$（即控制切换点）的选取需经过反复实验才能确定，增加了设计复杂度。

**2）基于控制量的条件积分法**

基于控制量的条件积分法的基本思想是，当控制器输出控制量达到饱和限幅值时，取消积分作用；而当控制器输出控制量未达到饱和限幅值时，开启积分作用。

基于控制量的条件积分法 PI 控制器表达式如下：

$$u_\omega(k) = k_p e(k) + \beta \cdot k_i \sum T_s e(k) \tag{7.5}$$

式中，$\beta$ 为决定积分器开启和关闭的开关因子。

$\beta$ 表达式如下：

$$\beta = \begin{cases} 0, & |u_\omega| \geqslant u_{\max} \\ 1, & |u_\omega| < u_{\max} \end{cases} \tag{7.6}$$

无论以控制量还是误差来作为开关积分项的判断依据，条件积分法在应用时都存在一个缺点，体现在控制器在 P 和 PI 控制模式之间进行切换时（即积分项开关切换时），控制器的控制量可能会出现突变，导致切换点处对应的系统响应出现跳变。

## 7.2.2　反计算法

反计算法的基本思想是利用饱和限幅环节的输入值和输出值之间的差值构成抗积分饱与反馈支路，反馈支路对控制器积分环节的输入端进行实时补偿。当控制器输出的控制量超过饱和限幅值时，反馈支路依据限幅环节的差值减小积分项的输入，以达到抑制积分饱和现象的目的。反计算法的控制结构框图如图 7-5 所示。

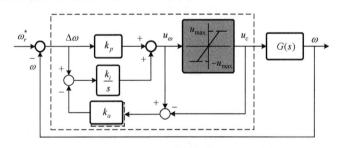

图 7-5　反计算法控制结构框图

基于反计算法的 PI 控制器表达式如下：

$$u_\omega(k) = k_p e(k) + k_i \sum T_s (e(k) - k_a(u_\omega - u_c)) \tag{7.7}$$

式中，$k_a$ 为抗积分饱和增益。

　　由于反计算法设计方便，且可以避免条件积分法的切换跳变问题，在机电伺服控制系统的抗积分饱和问题上应用较多。反计算法的缺点在于系统动态响应性能依赖于反馈支路的抗积分饱和增益 $k_a$，且在实际的应用过程中 $k_a$ 难以定量进行设计。一般需要根据经验多次调整反馈支路的抗积分饱和增益，才能达到理想的控制性能。

### 7.2.3　新型抗积分饱和控制方法

　　针对上述传统抗积分饱和控制方法的缺点，研究人员提出了改进的措施，并设计了一些新型抗积分饱和控制方法。下面对其中一种新型抗积分饱和控制方法进行介绍。

　　定义积分状态量为 $q$，在反计算法中积分状态量的表达式如下：

$$\dot{q} = k_i(\Delta\omega - k_a(u_\omega - u_c)) \tag{7.8}$$

　　在反计算法中，积分状态量的调节主要取决于参数 $k_a$。为了解决上述反计算法参数 $k_a$ 难以确定的问题，研究人员提出了基于积分衰减的新型抗积分饱和法，其控制结构框图如图 7-6 所示。其基本思想是，当控制器输出未饱和时(即工作在线性区域时)，开关 1 闭合，开关 2 打开，此时控制器为典型 PI 控制器；当控制器输出饱和时，开关 1 打开，开关 2 闭合，并将当前的积分状态反馈到积分器的输入端；$\gamma$ 为积分状态量衰减系数，决定积分状态量的衰减速度。

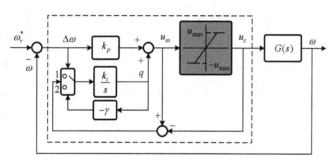

图 7-6　基于积分衰减的新型抗积分饱和法控制结构框图

　　此时，积分状态量 $q$ 满足如下表达式：

$$\dot{q} = \begin{cases} k_i\Delta\omega, & u_c = u_\omega \\ -\gamma q, & u_c \neq u_\omega \end{cases} \tag{7.9}$$

　　基于该新型抗积分饱和控制方法的 PI 控制器表达式如下：

$$u_\omega = k_p\Delta\omega + k_i\int\dot{q} \tag{7.10}$$

　　该方法的积分状态量衰减系数 $\gamma$ 设计应满足，系统积分状态量的动态速度远高于速度误差 $\Delta\omega$。由此可实现在控制器输出饱和时，系统仍为 PI 控制结构，但积分状态量迅速以指数收敛降低，直至为零。

　　此外，有研究人员提出增加积分初值的方法，将控制器退饱和状态后重新从 P 控制切换到 PI 控制时的系统响应看作带有初始值的系统响应，控制结构如图 7-7 所示。这些新型抗积分饱和控制方法从不同角度出发，对抗积分饱和法进行优化，以期提高系统的抗积分饱和控制性能。

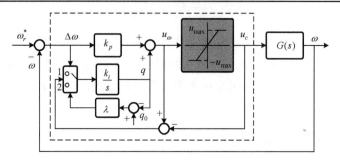

图 7-7　基于积分初值的新型抗积分饱和法控制结构框图

## 7.2.4　抗积分饱和控制仿真举例

设定机电伺服控制系统速度闭环控制仿真参数如下：电流闭环传递函数为 1，转矩系数 $K_t$ 为 34.965N·m/A，转动惯量 $J$ 为 3291kg·m²。速度环 PI 控制器 $G_\omega(s)$ ＝ 5868 + 46206 / s 参数固定不变，控制量输出限幅 ± 15A。在 $t$ = 0s 时，给定 1°/s 的速度参考指令；在 $t$ = 5s 时，给定 6°/s 的速度参考指令。仿真给出加入不同抗积分饱和法前后，系统的速度响应结果和实际控制量响应结果，分析各种抗积分饱和法的控制特性。

在无抗积分饱和方法时，系统的 PI 控制效果曲线如图 7-8 所示。

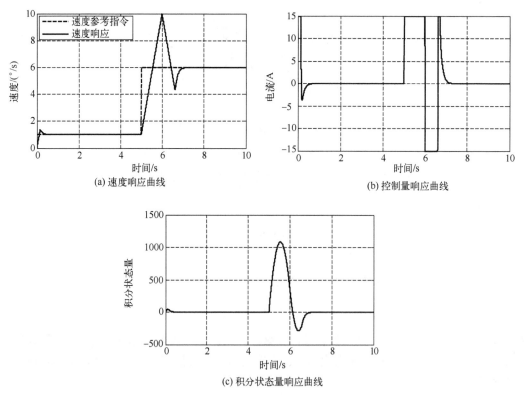

图 7-8　无抗积分饱和 PI 控制效果曲线

可以看出，在跟踪 1°/s 的较小速度参考指令时，虽然控制量在初始阶段也进入了饱和状态，但是由于初始速度和目标速度的差值并不是很大，积分项并未累积过多的数值。因此，控制器能够较快地退出饱和非线性工作状态，并未引起较大的超调量和较多的调节时间。在跟踪 6°/s 的较大速度参考指令时，由于初始速度和目标速度的差值相对较大，控制量迅速进入饱和状态，并且积分项累积了较大的积分量。因此，控制器需要更长的时间才能退出饱和非线性工作状态，速度响应出现较大的超调量，超调量最大可达 4°/s，调节时间约为 2.18s。

采用基于控制量的条件积分法，控制效果曲线如图 7-9 所示。可以看到，在跟踪 6°/s 的速度参考指令时，速度响应已经无超调，调节时间约为 0.59s。条件积分法在系统控制器输出饱和时迅速将积分项进行隔离，因此可加快系统退出饱和非线性工作状态的速度，进而可大幅降低由积分饱和导致的超调量。

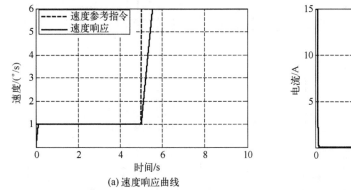
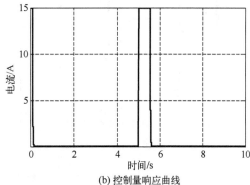

(a) 速度响应曲线　　　　　　　　　　(b) 控制量响应曲线

图 7-9　基于控制量的条件积分法控制效果曲线

采用反计算法，抗积分饱和增益 $k_a$ 取 0.00017 时，控制效果曲线如图 7-10 所示。可以看到，在跟踪 6°/s 的速度参考指令时，与图 7-8(a) 相比，速度响应超调量有大幅降低，且调节时间降低至 0.7s 左右。图 7-10(c)积分状态量的响应曲线验证了抗积分饱和反馈支路的有效性；当系统控制器输出饱和时，由于反馈支路将限幅环节前后的差值按一定比例反馈到积分器输入端，积分状态量降低，实现了抗积分饱和的作用。反计算法的关键在于选择一个合适的抗积分饱和增益 $k_a$。

下面采用基于积分衰减的新型抗积分饱和法进行仿真，积分状态量衰减系数 $\gamma$ 取 0.5，控制效果曲线如图 7-11 所示。

可以看到，新型抗积分饱和法通过设置积分状态量衰减系数，在系统控制器输出饱和时迅速降低积分状态量；在跟踪 6°/s 的速度参考指令时，速度响应无超调，调节时间约为 0.6s，取得了较好的抗积分饱和作用。

条件积分法、反计算法以及基于积分衰减的新型抗积分饱和法均是从积分环节的角度出发设计相应的措施来抑制积分饱和现象的。上述方法的核心思想在于当控制器输出饱和时削弱积分项的作用，从而达到抗积分饱和的目的。

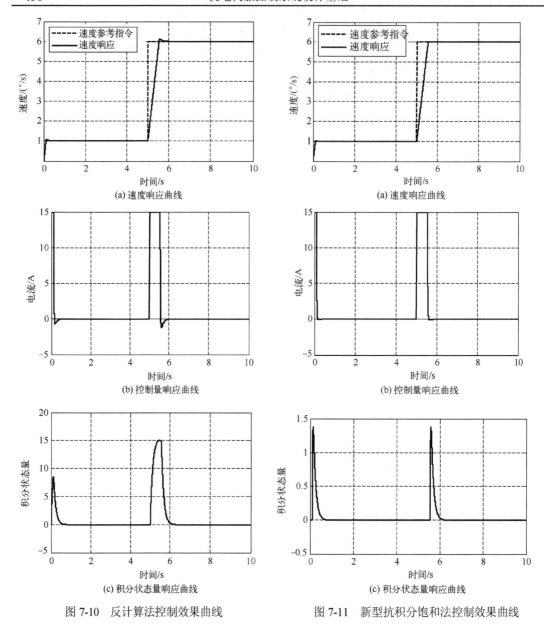

图 7-10　反计算法控制效果曲线　　　　图 7-11　新型抗积分饱和法控制效果曲线

# 7.3　位置指令修正方法

随着控制理论和控制方法的发展，针对机电伺服控制系统中由于控制输出限幅而导致积分饱和现象的问题，有研究人员提出从指令整形的角度来实现抗积分饱和，即依据机电伺服控制系统的限幅信息，使用指令修正器提前对输入参考指令做滤波整形。参考指令经过指令修正器后生成修正指令，修正指令中包含了系统的速度限幅和加速度限幅(即电流限幅)信息，再输入机电伺服控制系统进行闭环控制。由此，保证系统控制器工作在线性区域，削弱积分饱和问题给系统控制性能带来的影响。

## 7.3.1　位置指令修正器原理

对于机电伺服控制系统来说，在整个位置闭环控制过程中，存在速度和加速度两个限幅饱和环节。本节以位置闭环控制为例，介绍指令修正器的原理和实现。基于指令修正器的机电伺服控制系统闭环控制结构框图如图 7-12 所示，可以看到指令修正器位于系统位置闭环回路之外，在最前端实现指令整形的作用。

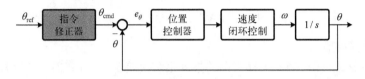

图 7-12　基于指令修正器的机电伺服控制系统闭环控制结构框图

指令修正器结构框图如图 7-13 所示。指令修正器可视为速度和加速度幅值受限的二阶双积分控制系统，其核心在于指令修正算法，在于如何依据系统的限幅环节信息对给定参考指令进行快速滤波整形并输出修正指令。

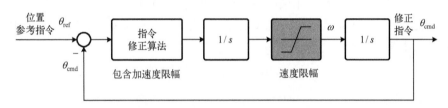

图 7-13　指令修正器结构框图

相比于 7.2 节的抗积分饱和控制方法，指令修正器的特点在于不影响机电伺服控制系统的位置和速度闭环控制结构，在使用时时开启，在不使用时关闭即可。典型的参考指令规划整形方法包括基于闭环反馈控制的指令修正器、基于最优时间控制的指令修正器以及基于多项式的指令修正器。下面对上述三种方法依次进行介绍。

## 7.3.2　基于闭环反馈控制的指令修正器

基于闭环反馈控制的指令修正器结构框图如图 7-14 所示，指令修正器主要包括变增益控制器环节、加速度限幅环节、速度限幅环节以及积分环节。此处着重介绍变增益控制器的设计和实现。

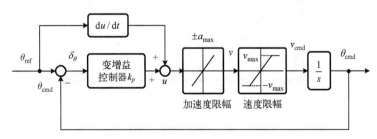

图 7-14　基于闭环反馈控制的指令修正器结构框图

定义指令修正器的指令跟踪误差为 $\delta_\theta = \theta_{\text{ref}} - \theta_{\text{cmd}}$ ，变增益控制器表达式如下：

$$G(s) = k_p(\delta_\theta) = k_{p0} + \lambda(\delta_\theta)$$

(7.11)

式中， $k_{p0}$ 为常值系数； $\lambda(\delta_\theta)$ 为变化部分，即变增益系数。

假设控制量 $u$ 在加速度限幅环节和速度限幅环节的线性区域内，由上述变增益控制器可得

$$\begin{cases} u(i+1) = \dfrac{\theta_{\text{ref}}(i+1) - \theta_{\text{ref}}(i)}{\Delta T} + k_p \cdot (\theta_{\text{ref}}(i+1) - \theta_{\text{cmd}}(i+1)) \\ \theta_{\text{cmd}}(i+1) = \theta_{\text{cmd}}(i) + \Delta T \cdot u(i+1) \end{cases}$$

(7.12)

式中， $\Delta T$ 为采样周期。

由式(7.12)整理可得，当前采样周期的指令跟踪误差 $\delta_\theta(i+1)$ 和前一个采样周期的指令跟踪误差 $\delta_\theta(i)$ 满足：

$$\delta_\theta(i+1) = (1 - k_p \cdot \Delta T) \cdot \delta_\theta(i) = \alpha \cdot \delta_\theta(i)$$

(7.13)

式中， $\alpha$ 为误差收敛系数。变增益控制器的设计应满足： $0 < (1 - k_p \cdot \Delta T) < 1$ ；当指令跟踪误差较大时， $k_p$ 减小以增大 $\alpha$ 值，保证系统快速逼近给定指令；当指令跟踪误差较小时， $k_p$ 增大以减小 $\alpha$ 值，保证系统平稳的末端收敛过程以及高稳态跟踪精度。常值系数 $k_{p0}$ 保证系统稳定收敛，变增益系数 $\lambda$ 调整系统的收敛速度，二者共同构成了变增益控制器。因此，变增益系数 $\lambda$ 可设计表达如下：

$$\lambda(\delta_\theta) = k_{p\lambda} \cdot \mathrm{e}^{-|\beta \cdot \delta_\theta|}$$

(7.14)

式中， $k_{p\lambda}$ 为常值系数； $\beta$ 为决定增益变化率的系数。该变增益系数的设计主要是利用指数函数的特性，指数函数 $y = \mathrm{e}^{-|\beta \cdot x|}$ 的曲线如图7-15所示。可以看到，该函数特性满足上述变增益系数随跟踪误差自适应变化的规律；当变量 $x$ 数值较大时，函数值 $y$ 趋近于0；当变量 $x$ 数值较小时，函数值 $y$ 趋近于1。参数 $\beta$ 取值越大，增益变化率越大。

变增益控制器的输出的控制量 $u$ 先后经过加速度限幅环节和速度限幅环节并输出修正指令速度 $v_{\text{cmd}}$ ， $v_{\text{cmd}}$ 再经过积分环节，便可输出修正指令 $\theta_{\text{cmd}}$ ：

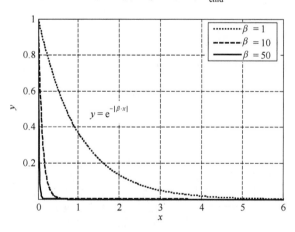

图7-15　指数函数 $y = \mathrm{e}^{-|\beta \cdot x|}$ 曲线图

$$\theta_{\mathrm{cmd}} = \int v_{\mathrm{cmd}} \tag{7.15}$$

指令修正器采用变增益控制器，在加速度和速度限幅条件下对给定位置参考指令 $\theta_{\mathrm{ref}}$ 进行快速跟踪，输出修正指令 $\theta_{\mathrm{cmd}}$。此时，修正指令 $\theta_{\mathrm{cmd}}$ 中包含系统的限幅信息，再输入位置环进行闭环校正，可有效避免积分饱和现象。该指令修正器对给定位置参考指令的跟踪效果完全取决于变增益控制器，因此变增益控制器的参数选取尤为重要。

### 7.3.3　基于最优时间控制的指令修正器

基于闭环反馈控制的指令修正器对给定位置参考指令跟踪修正的效果是由变增益控制器来决定的，但是仅通过变增益控制器的参数整定一般难以确定指令修正器是否以最快速度对参考指令进行处理。对于输出受限的系统，最优时间控制技术是解决其快速定位问题的有效方法。因此，为了实现对参考指令的快速整形跟踪，有研究人员提出了基于最优时间控制的指令修正器。

基于最优时间控制的指令修正器结构框图如图 7-16 所示。

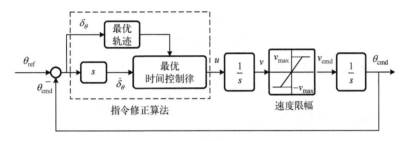

图 7-16　基于最优时间控制的指令修正器结构框图

整个指令修正器可看作双积分控制系统，被控模型参数为 1，可得如下表达式：

$$\begin{cases} \dot{\theta}_{\mathrm{cmd}} = v_{\mathrm{cmd}} \\ v_{\mathrm{cmd}} = \mathrm{sat}(v) \\ \dot{v} = u \end{cases} \tag{7.16}$$

基于最优时间控制理论设计指令修正算法，定义指令跟踪误差为 $\delta_\theta = \theta_{\mathrm{ref}} - \theta_{\mathrm{cmd}}$，传统的最优轨迹表达式如下：

$$\mathrm{tmp} = \mathrm{sign}(\delta_\theta)\sqrt{2u_{\max}|\delta_\theta|} \tag{7.17}$$

传统最优时间控制中最优轨迹的问题在于切换函数的存在可能会带来抖振问题。因此，有设计人员提出了近似最优轨迹的概念，可利用一些平滑函数近似代替切换函数。

下面介绍一种基于近似最优时间控制的指令修正器设计方法。

首先，近似最优轨迹可设计如下：

$$\mathrm{tmp} = \rho(\delta_\theta)\sqrt{2u_{\max}|\delta_\theta|} = \rho(\delta_\theta)\sqrt{2\alpha_{\max}|\delta_\theta|} \tag{7.18}$$

式中，$\rho(\delta_\theta) = \delta_\theta / (\delta_\theta + \zeta)$ 为连续函数；$\zeta$ 为边界层系数；$\alpha_{\max}$ 为加速度限幅幅值。使用连续函数 $\rho(\delta_\theta)$ 来替代传统最优时间控制的切换函数 $\mathrm{sign}(\cdot)$，以削弱切换函数带来的抖振问题的影响。

传统最优轨迹和近似最优轨迹的示意图如图 7-17 所示。

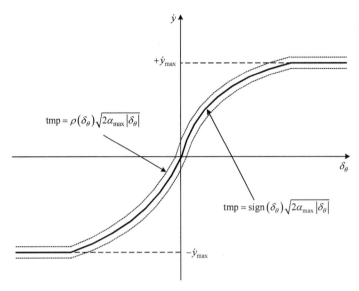

图 7-17　传统最优轨迹和近似最优轨迹示意图

传统最优时间控制律表达式如下：

$$u = u_{\max} \cdot \text{sign}(e_t) \tag{7.19}$$

式中，$e_t$ 为最优轨迹误差函数，表达式如下：

$$e_t = \text{tmp} - \dot{\delta}_\theta \tag{7.20}$$

若系统状态在最优轨迹之上，即 $\dot{\delta}_\theta > tmp$，则系统输出 $u = -u_{\max}$；若系统状态在最优轨迹之下，$\dot{\delta}_\theta < \text{tmp}$，则系统输出 $u = +u_{\max}$；若系统状态到达并沿着最优轨迹运动，即 $\dot{\delta}_\theta = \text{tmp}$，则系统输出为 0。最优时间控制的理念是，依次将正、反两个方向的最大幅值控制信号施加到系统中，进行最大加速和减速（即 Bang-Bang 控制）。

同样，为了避免抖振问题，可设计如下近似最优时间控制律：

$$u = u_{\max} \cdot s_t(e_t) \tag{7.21}$$

式中，$u_{\max}$ 为输出限幅值，此处 $u_{\max} = \alpha_{\max}$ 为加速度限幅值；$s_t(\cdot)$ 为控制律函数，指令修正控制器的加速度限幅值应与机电伺服控制系统的加速度限幅值保持一致。

函数 $s_t(\cdot)$ 为基于反正切函数的控制律函数，表达式如下：

$$s_t(e_t) = \beta \cdot a\tan(\gamma e_t) \tag{7.22}$$

式中，$\beta$ 为归一化系数；$\gamma$ 为决定函数变化率的系数。

用函数 $s_t(\cdot)$ 替代传统最优时间控制律的 $\text{sign}(\cdot)$ 函数，充分利用反正切函数在小数值输入时，斜率可变的线性特性，以及在大数值输入时，输出饱和的特性，使其在系统状态离最优轨迹比较远时，以最大限幅值 $\pm\alpha_{\max}$ 驱动系统运动；当系统状态离最优轨迹比较近时，迅速减小控制输出量，使系统状态平稳到达最优轨迹之上，并沿着最优轨迹运动，直至系统误差减小为 0，避免系统由于小的误差和扰动而导致控制信号来回切换，引起系统抖振。反正切函数曲线如图 7-18 所示。

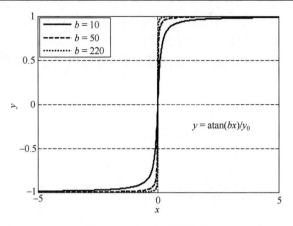

图 7-18　反正切函数曲线

对最优时间控制律的输出 $u$ 进行积分并限幅，便可得到修正指令速度，表达式如下：

$$v_{\mathrm{cmd}} = \mathrm{sat}(v) = \mathrm{sat}\left(\int u\right) \tag{7.23}$$

再对修正指令速度 $v_{\mathrm{cmd}}$ 进行积分，便可以得到 $\theta_{\mathrm{cmd}}$，即指令修正器依据最大速度 $v_{\max}$、最大加速度 $\alpha_{\max}$ 信息对给定指令进行整形后输出的修正指令。上述指令修正算法基于最优时间控制理论，设计了近似最优时间控制律，在避免抖振现象的同时可以在系统加速度和速度限幅条件下实现对给定指令的近似最优时间快速平滑跟踪。

### 7.3.4　基于多项式的指令修正器

基于多项式的指令修正器不同于上述两类方法，它不是采用闭环控制对给定指令进行跟踪和整形的，而是单从指令轨迹、指令速度和加速度的角度来生成修正指令的。基于多项式的指令修正器根据给定的目标位置和时间，便可生成一个从初始位置到终点位置的位置轨迹，但是需要离线计算且计算量相对较大。

假定机电伺服控制系统每间隔时间 $\Delta T$ 接收到阶跃位置参考指令（或要求经过时间 $\Delta T$），从当前初始位置 $\theta_0$ 运动到终点位置 $\theta_1$，$\Delta T$ 是机电伺服控制系统位置环采样时间 $\Delta t$ 的整数倍。从初始时间 $t_0$ 开始到终点时间 $t_1 = t_0 + \Delta T$ 多项式指令修正示意图如图 7-19 所示，位置轨迹曲线上任意一点 $\theta_t(v_t, a_t)$（采样时间为 $\Delta t$）可由位置轨迹多项式表示。

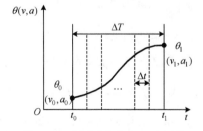

图 7-19　多项式指令修正示意图

基于多项式的指令修正器，其思想在于生成一个平滑轨迹以引导机电伺服控制系统在一定时间内从一个位置过渡到另一个位置。任意位置 $\theta_t$ 都有其对应的速度和加速度信息 $(v_t, a_t)$，位置轨迹的多项式指令修正需要满足已知以下条件：①初始位置的角度、速度和加速度信息($\theta_0, v_0, a_0$)；②终点位置的角度、速度和加速度信息($\theta_1, v_1, a_1$)。

对于满足六个参数的位置轨迹，需要使用一个 5 阶多项式进行拟合。位置轨迹即修正指令可表达如下：

$$\theta_{\text{cmd}}(x) = f_0 + f_1 x + f_2 x^2 + f_3 x^3 + f_4 x^4 + f_5 x^5 \tag{7.24}$$

式中，$x = (t - t_0)/\Delta T$，且 $t$ 在 $[t_0, t_1]$ 的时间区间。

可得修正指令速度表达式如下：

$$v_{\text{cmd}}(x) = \frac{\theta_{\text{cmd}}(x)}{\mathrm{d}x} = f_1 + 2 f_2 x + 3 f_3 x^2 + 4 f_4 x^3 + 5 f_5 x^4 \tag{7.25}$$

进一步可得

$$v_{\text{cmd}}(t) = \frac{\theta_{\text{cmd}}(x)}{\mathrm{d}x} \cdot \frac{\mathrm{d}x}{\mathrm{d}t} = \frac{v(x)}{\Delta T} = \frac{f_1 + 2 f_2 x + 3 f_3 x^2 + 4 f_4 x^3 + 5 f_5 x^4}{\Delta T} \tag{7.26}$$

可得修正指令加速度表达式如下：

$$a_{\text{cmd}}(x) = \frac{v_{\text{cmd}}(x)}{\mathrm{d}x} = 2 f_2 + 6 f_3 x + 12 f_4 x^2 + 20 f_5 x^3 \tag{7.27}$$

进一步可得

$$a_{\text{cmd}}(t) = \frac{a_{\text{cmd}}(x)}{(\Delta T)^2} = \frac{2 f_2 + 6 f_3 x + 12 f_4 x^2 + 20 f_5 x^3}{(\Delta T)^2} \tag{7.28}$$

定义：

$$j_{\text{erk}}(x) = \frac{a_{\text{cmd}}(x)}{\mathrm{d}x} = 6 f_3 + 24 f_4 x + 60 f_5 x^2 \tag{7.29}$$

近似可得

$$j_{\text{erk}}(t) = \frac{j_{\text{erk}}(x)}{(\Delta T)^3} = \frac{6 f_3 + 24 f_4 x + 60 f_5 x^2}{(\Delta T)^3} \tag{7.30}$$

基于上述设计，可得初始位置和终点位置的角度、速度与加速度的表达式如下：

$$\theta_{\text{cmd}}(t_0) = \theta_0 = f_0 \tag{7.31}$$

$$v_{\text{cmd}}(t_0) = v_0 = f_1 / \Delta T \tag{7.32}$$

$$a_{\text{cmd}}(t_0) = a_0 = 2 f_2 / \Delta T^2 \tag{7.33}$$

$$\theta_{\text{cmd}}(t_1) = \theta_1 = f_0 + f_1 + f_2 + f_3 + f_4 + f_5 \tag{7.34}$$

$$v_{\text{cmd}}(t_1) = v_1 = (f_1 + 2 f_2 + 3 f_3 + 4 f_4 + 5 f_5) / \Delta T \tag{7.35}$$

$$a_{\text{cmd}}(t_1) = a_1 = (2 f_2 + 6 f_3 + 12 f_4 + 20 f_5) / \Delta T^2 \tag{7.36}$$

根据时间 $\Delta T$、初始位置($\theta_0, v_0, a_0$)和终点位置($\theta_1, v_1, a_1$)信息，便可求取出上述方程组中的 6 个参数 $f_0$、$f_1$、$f_2$、$f_3$、$f_4$、$f_5$。那么在时间区间 $[t_0, t_0 + \Delta T]$ 内任意时刻的位置、速度和加速度便可确定，从而得到位置修正指令轨迹曲线以及速度和加速度曲线。上述计算的

前提是，位置轨迹的最大速度、最大加速度不得超过系统的限幅值，即在速度和加速度限幅
条件下系统有能力在时间 $\Delta T$ 内从初始位置到达终点位置。

根据式 (7.29) $j_{\text{erk}}$ 的表达式，可对 $j_{\text{erk}}$ 的最大值进行计算。在 $[t_0, t_0 + \Delta T]$ 区间内，$j_{\text{erk}}$ 的
最大值应在初始位置或终点位置处或 $j_{\text{erk}}$ 一阶导数为 0 的位置：

$$j_{\text{erk}}{}'(x) = 24 f_4 + 120 f_5 x = 0 \tag{7.37}$$

位置轨迹中的 $j_{\text{erk}}$ 幅值是一个十分关键的数值，为了避免将较大抖振引入系统，一般将
其最大值设置为加速度最大值的 5～10 倍，即最大加速度可以在 0.1～0.2s 的时间内到达。小
幅值的 $j_{\text{erk}}$ 代表着更长的加速度响应时间和更平滑的位置轨迹曲线。

对于基于多项式的指令修正器，修正指令的生成关键在于时间 $\Delta T$ 与系统的速度和加速
度限幅条件相互匹配，即在时间 $\Delta T$ 和限幅条件下，系统应具备能力从当前位置运动到目标
位置。一般在速度、加速度限幅条件固定的情况下，从一个位置到另一个位置的理论最小时
间可以通过计算获取。

## 7.3.5　位置指令修正器仿真举例

设定机电伺服控制系统仿真参数与第 6 章相同，位置环 PI 控制器参数 $k_p = 5$，$k_i = 0.001$
保持不变，系统速度限幅 10°/s，加速度限幅 6°/s²。首先，给定 12° 位置阶跃参考指令，仿
真分析基于闭环反馈控制的指令修正器和基于最优时间控制的指令修正器对给定位置参考
指令的整形修正效果。其次，仿真分析固定过渡时间 $\Delta T$ 条件下，基于多项式的指令修正器
对给定位置参考指令的整形修正效果。最后，验证指令修正器对于抗积分饱和控制作用的
有效性。

### 1）基于闭环反馈控制的指令修正器仿真结果

对于基于闭环反馈控制的指令修正器，变增益控制器参数 $k_{p0}$ 取值 1.4，$\beta$ 取值 2，$k_{p\lambda}$ 取
值 5，指令修正器的指令修正效果曲线如图 7-20 所示。可以看到，指令修正器在变增益控制
器的控制下依据系统速度和加速度限幅条件对给定指令进行了整形与跟踪，输出了平滑的修
正指令。由修正指令的速度和加速度响应曲线可以到，修正指令的最大速度为 8.6°/s，最大
加速度为 6°/s²，均在系统的限幅范围内。因此，系统在跟踪该修正指令时，控制器将主要工
作在线性区域，可有效削弱积分饱和问题带来的影响。

下面仿真分析变增益控制器的三个参数 $k_{p0}$、$\beta$、$k_{p\lambda}$ 对指令修正器的跟踪整形效果的影
响。首先，变增益控制器参数 $k_{p0}$ 取值增大至 1.5，$\beta$ 取值 2，$k_{p\lambda}$ 取值 5，参数不变。指令修
正器的指令修正效果曲线如图 7-21 所示。

可以看出，增大 $k_{p0}$ 的取值，修正指令出现了明显的超调。修正指令中含有超调对于机
电伺服控制系统的位置闭环控制是不利的，应调整系数使修正指令平滑无超调地到达给定指
令数值。

变增益控制器参数 $\beta$ 取值增大至 20，$k_{p0}$ 取值 1.4，$k_{p\lambda}$ 取值 5，参数不变。指令修正器
的指令修正效果曲线如图 7-22 所示。由仿真结果可以看出，相比于原始控制器参数，$\beta$ 数值
的增大，改变了修正指令到达稳态的过程中速度和加速度过渡过程。这是由于 $\beta$ 数值增大，
使得变增益系数在跟踪误差减小的过程中变化率增大。

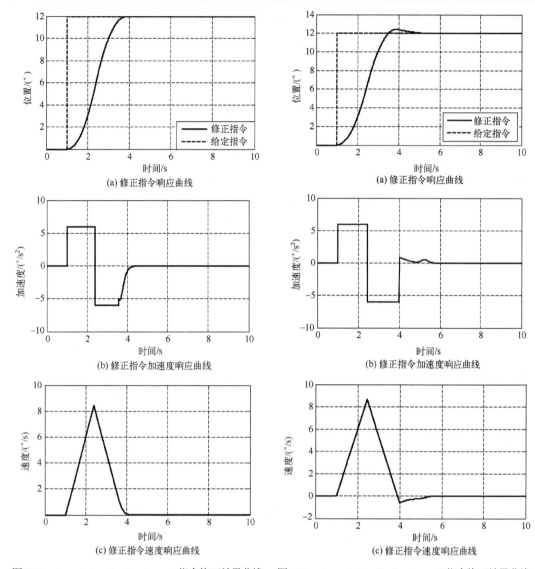

图 7-20　$k_{p0} = 1.4$，$\beta = 2$，$k_{p\lambda} = 5$ 指令修正效果曲线　　图 7-21　$k_{p0} = 1.5$，$\beta = 2$，$k_{p\lambda} = 5$ 指令修正效果曲线

　　根据上述仿真结果可以看出，变增益控制器的参数取值直接影响指令修正器对给定指令的跟踪和整形效果。因此，须合理设置参数取值，以期达到理想的指令修正效果。

**2）基于最优时间控制的指令修正器仿真结果**

　　基于传统最优时间控制的指令修正效果曲线如图 7-23 所示。

　　可以看到，修正指令的最大速度是 $8.5°/s$，最大加速度为 $6°/s^2$，均在系统的限幅范围内。由于最优时间控制中切换函数的存在，加速度响应出现了明显的切换抖振，速度响应也出现了抖振。但是，在这种情况下，修正指令能够在速度和加速度限幅条件下以最优时间跟踪给定指令。将含有抖振信号的修正指令输入系统进行闭环校正，系统容易将抖振信号放大，造成控制性能降低。因此，需要对修正指令中的抖振信号有针对性地进行处理。

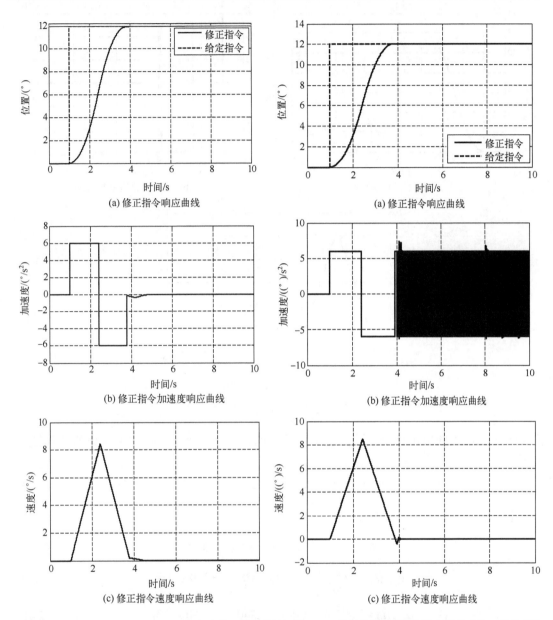

图 7-22 $k_{p0} = 1.4$，$\beta = 20$，$k_{p\lambda} = 5$ 指令修正效果曲线 图 7-23 基于传统最优时间控制的指令修正效果曲线

基于近似最优时间控制的指令修正效果曲线如图 7-24 所示。

可以看到，指令修正器对于给定指令的跟踪速度与图 7-23 相近，但是由于取消了指令修正器中的切换函数，修正指令的加速度和速度响应抖振大幅度降低，获得了更平滑、更优的指令修正效果。

### 3）基于多项式的指令修正器仿真结果

假定初始位置为 2°，速度为 0°/s，加速度为 0°/s²；终点位置为 15°，速度为 0°/s，加速度为 0°/s²；系统速度限幅为 10°/s，加速度限幅为 8°/s²。要求生成时间 $\Delta T = 3$s，从初始

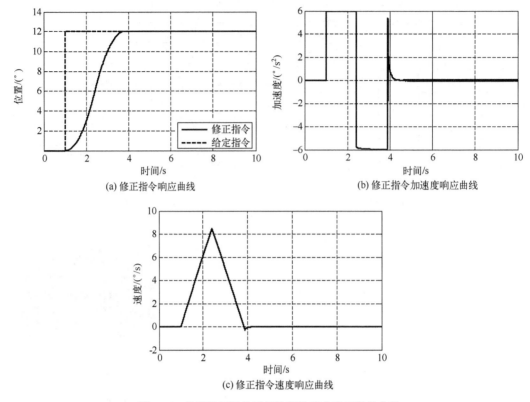

图 7-24　基于近似最优时间控制的指令修正效果曲线

位置到终点位置的修正指令。采用基于多项式的指令修正器，可得六个参数的计算结果如下：

$$f_0 = 2, \quad f_1 = 0, \quad f_2 = 0, \quad f_3 = 130, \quad f_4 = -195, \quad f_5 = 78 \tag{7.38}$$

定义 $x = \dfrac{t - t_0}{\Delta T} = \dfrac{t}{3}$，可得修正指令表达式如下：

$$\theta_{cmd}(x) = 2 + 130x^3 - 195x^4 + 78x^5 \tag{7.39}$$

$$v_{cmd}(t) = \frac{v_{cmd}(x)}{\Delta T} = (390x^2 - 780x^3 + 390x^4)/3 \tag{7.40}$$

$$a_{cmd}(t) = \frac{a_{cmd}(x)}{\Delta T^2} = (780x - 2340x^2 + 1560x^5)/3^2 \tag{7.41}$$

　　根据上述计算结果，基于多项式的指令修正效果曲线如图 7-25 所示。可以看到，修正指令的最大速度约为 8.125°/s，最大加速度约为 8.339°/s²。此时，修正指令的最大加速度已经超过了系统的加速度限幅，表明时间 $\Delta T$ 的选取是不合适的。因此，在使用基于多项式的指令修整器时需要提前将时间 $\Delta T$ 与系统初始和终点位置信息进行匹配。

　　若设定时间 $\Delta T = 5s$，从初始位置到终点位置，采用基于多项式的指令修正器，可得六个参数的计算结果如下：

$$f_0 = 2, \quad f_1 = 0, \quad f_2 = 0, \quad f_3 = 130, \quad f_4 = -195, \quad f_5 = 78 \tag{7.42}$$

定义 $x = \dfrac{t - t_0}{\Delta T} = \dfrac{t}{5}$，可得修正指令表达式如下：

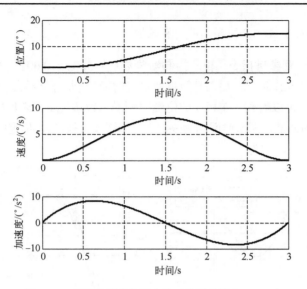

图 7-25　基于多项式的指令修正效果曲线（$\Delta T = 3$s）

$$\theta_{\mathrm{cmd}}(x) = 2 + 130\,x^3 - 195\,x^4 + 78\,x^5 \tag{7.43}$$

$$v_{\mathrm{cmd}}(t) = \frac{v_{\mathrm{cmd}}(x)}{\Delta T} = (390\,x^2 - 780\,x^3 + 390\,x^4)/5 \tag{7.44}$$

$$a_{\mathrm{cmd}}(t) = \frac{a_{\mathrm{cmd}}(x)}{\Delta T^2} = (780\,x - 2340\,x^2 + 1560\,x^5)/5^2 \tag{7.45}$$

根据上述计算结果，基于多项式的指令修正效果曲线如图 7-26 所示。可以看到，修正指令的速度和加速度均在限幅区域内，基于多项式的指令修正器在时间 $\Delta T$ 内严格按照初始位置和终点位置的信息，输出了平滑的修正指令轨迹。

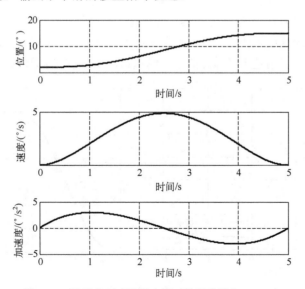

图 7-26　基于多项式的指令修正效果曲线（$\Delta T = 5$s）

### 4. 指令修正器对于抗积分饱和作用的有效性

(1)给定 12° 的位置参考指令，位置控制器参数 $k_p = 5$，$k_i = 0.001$。无指令修正器时，系统位置响应曲线如图 7-27 所示。加入基于近似最优时间控制的指令修正器后，系统位置响应曲线如图 7-28 所示。可以看到，在相同的位置控制器参数条件下，未加指令修正器时，位置响应出现了较大的超调量，调节时间约为 9s；加入指令修正器后，位置响应十分平滑且无超调，并缩短了调节时间，约为 3s。

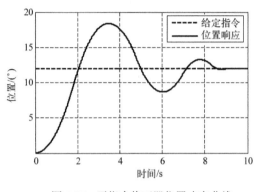
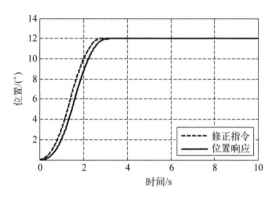

图 7-27　无指令修正器位置响应曲线 　　　　　图 7-28　加入指令修正器位置响应曲线
（$k_p = 5$，$k_i = 0.001$） 　　　　　　　　　　（$k_p = 5$，$k_i = 0.001$）

在加入基于近似最优时间控制的指令修正器的基础上，将位置控制器比例增益 $k_p$ 由 5 增大至 10，积分增益不变，系统的位置响应曲线如图 7-29 所示。可以看到，增大了位置控制器的比例系数，位置响应仍平滑无超调，但位置响应速度得到了提高，调节时间约为 2.85s。

上述仿真结果表明，在机电伺服控制系统速度、加速度限幅条件一定的前提下，使用指令修正器可有效改善机电伺服控制系统的位置控制性能。

(2)给定初始位置为 0°，速度为 0°/s，加速度为 0°/s²；终点位置为 12°，速度为 0°/s，加速度为 0°/s²；系统速度限幅 10°/s，加速度限幅 8°/s²；时间 $\Delta T$ 取 5s。位置控制器参数 $k_p = 10$，$k_i = 0.001$。采用基于多项式的指令修正器，系统位置响应曲线如图 7-30 所示。

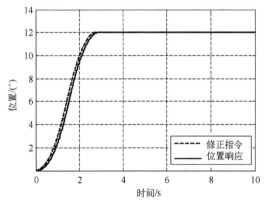
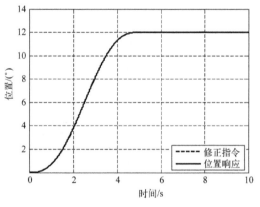

图 7-29　加入位置指令修正器位置响应曲线 　　　　　图 7-30　位置响应曲线
（$k_p = 10$，$k_i = 0.001$）

可以看到，系统位置响应严格跟踪多项式指令修正器输出的修正指令。位置响应与修正指令基本重合，无任何超调现象。在速度和加速度限幅条件下，通过基于多项式的指令修正器实现了对位置信号的良好跟踪。

上述仿真结果验证了位置指令修正器解决抗积分饱和问题的有效性。与从积分项出发的抗积分饱和控制方法不同，指令修正器从给定位置参考指令出发来解决抗积分饱和问题，在机电伺服控制系统位置大角度切换等工作状态下将发挥良好的抗积分饱和作用，可保证系统具有快速平滑的位置响应性能。

## 7.4　小　　结

本章从机电伺服控制系统中常见的积分饱和问题出发，介绍了两类解决积分饱和问题的方法。一类方法从控制器的角度出发，包括传统的条件积分法、反计算法以及新型抗积分饱和法；通过降低甚至关闭控制器输出饱和时积分项的作用，达到抗积分饱和的目的。另一类方法从指令整形的角度出发，包括基于闭环反馈控制的指令修正器、基于最优时间控制的指令修正器以及基于多项式的指令修正器；通过设计指令修正器，提前依据系统限幅信息对给定指令进行整形，有效避免由于控制器输出饱和而导致的超调。两类方法各有特点，读者可根据系统的实际情况进行选择和应用。

## 复习思考题

7-1　已知某机电伺服控制系统速度环被控对象为 $33/(600s+0.01)$，电流限幅 $\pm5A$，分别设计基于条件积分法和反计算法的速度环抗积分饱和 PI 控制器。假定系统跟踪 $10°/s$ 速度阶跃参考指令，仿真给出抗积分饱和前后的系统的速度响应、实际控制量响应对比结果。

7-2　已知某机电伺服控制系统限幅情况如下：速度限幅 $15°/s$，加速度限幅 $8°/s^2$。给定 $20°$ 位置阶跃参考指令，画出基于最优时间控制的修正指令曲线和修正指令速度曲线。

7-3　已知某机电伺服控制系统最大速度为 $10°/s$，最大加速度为 $12°/s^2$，采用基于多项式的指令修正算法，生成一个时间 $\Delta T$ 为 5s，从位置 $10°$（速度 $1°/s$，加速度 $0°/s^2$）到位置 $13°$（速度 $0°/s$，加速度 $0°/s^2$）的位置修正指令，并给出修正指令的速度和加速度响应曲线。

# 第8章　目标轨迹预测滤波技术

在图像跟踪系统(即光电跟踪系统)一类的机电伺服控制系统中，探测器成像、图像处理以及信号传输等过程导致传输到伺服控制系统进行位置闭环校正的目标脱靶量信号在时间上滞后于实际的脱靶量信号。脱靶量滞后会导致伺服控制系统的位置环相角裕度降低，进而导致系统的跟踪精度下降。为了解决图像跟踪系统中脱靶量滞后的问题，研究人员提出了目标轨迹预测滤波技术。目标轨迹预测滤波技术首先利用脱靶量数据和编码器数据重构目标位置信号；其次，利用预测滤波技术对目标轨迹进行滤波预测；最后，使用生成的目标预测轨迹对图像跟踪系统进行引导跟踪，实现对脱靶量滞后的有效补偿。目前，目标轨迹预测的方法主要有两种：基于卡尔曼滤波法的目标轨迹预测和基于跟踪微分器的目标轨迹预测。本章将首先分析脱靶量滞后给机电伺服控制系统带来的影响，其次对上述两种目标轨迹预测方法依次进行介绍，并给出目标轨迹预测仿真举例供读者参考。

## 8.1　脱靶量滞后与目标轨迹预测

### 8.1.1　脱靶量滞后的影响

在图像跟踪系统的工作过程中，未知目标轨迹的情况下，多采用脱靶量闭环(即图像闭环)的工作模式对目标进行捕获和跟踪。但是由于探测器的成像、图像处理以及信号传输等过程，伺服控制系统接收到的脱靶量在时间上有一定的滞后。

由系统频域特性分析可知，延迟环节(脱靶量滞后)不改变系统的幅频特性，但是会对相频特性造成较大的影响。延迟环节的影响主要体现在给系统带来相位裕度损失。在将系统校正为典型 II 型系统的条件下，若需保证一定的相角裕度，那么系统开环截止频率和延迟环节的滞后时间满足如下表达式：

$$f_c \cdot \tau = \xi \tag{8.1}$$

式中，$f_c$ 为开环截止频率；$\tau$ 为延迟环节滞后时间；$\xi$ 为一个常数。

由式(8.1)可知，$f_c$ 和 $\tau$ 成反比，滞后时间越长，系统能够实现的开环截止频率越小。系统开环截止频率的降低进一步导致系统的开环增益降低，最终导致系统的跟踪控制性能下降。

在图像跟踪系统中，假设脱靶量滞后一帧的条件下，脱靶量帧频与位置闭环控制带宽之间满足如下关系：

$$f_T = \frac{540 \times f_p}{\gamma - \gamma_\Delta} \tag{8.2}$$

式中，$f_T$ 为脱靶量帧频；$f_p$ 为位置闭环控制带宽；$\gamma$ 为不考虑脱靶量滞后环节的位置环相角裕度；$\gamma_\Delta$ 为脱靶量滞后引起的相位滞后量。

结合式(8.1)和式(8.2)可知，脱靶量滞后将导致伺服控制系统的相角裕度降低，位置闭环控制带宽降低。因此，脱靶量滞后会导致系统控制精度下降，影响系统对目标的捕获和跟踪精度。

## 8.1.2　目标轨迹预测

为了解决脱靶量滞后环节给伺服控制系统带来的影响，研究人员提出了目标轨迹预测的方法。目标轨迹预测是通过已知的目标位置信号预推出下一步或者下几步的目标轨迹信息，预测滤波是实现对脱靶量滞后补偿的有效手段。此外，当跟踪目标短时间穿云或被遮挡而无法有效提取到脱靶量信息时，目标轨迹预测方法也可在一定时间内实现对设备的预测引导，直至目标重新进入视场。

通常情况下，图像跟踪系统的目标脱靶量数据离散性较大。因此，一般不直接利用脱靶量数据进行预测滤波，而是利用更有规律的目标位置信号进行预测滤波，以得到更为准确的目标位置预测信号。假定系统的脱靶量信号滞后一帧，那么将前一帧的编码器信号 $\theta_y(k-1)$ 和当前一帧的脱靶量信号 $\Delta\theta_T(k)$ 相加，即可得到前一帧的目标位置信号 $\theta(k-1)$：

$$\theta(k-1)=\theta_y(k-1)+\Delta\theta_T(k) \tag{8.3}$$

根据合成的目标位置信号，采用预测滤波方法对目标轨迹进行预测，即可输出目标预测的位置信息、速度信息，甚至加速度信息。一般情况下，预测滤波方法对于变化平缓、高频分量少的输入信号可获得更高的预测精度。

目标轨迹预测控制结构框图如图 8-1 所示。可以看出，目标轨迹预测滤波的精度将对图像跟踪系统的目标跟踪精度产生重要影响。若目标轨迹预测信息出现偏差，那么将给系统带来二次干扰，导致视轴指向偏离目标，跟踪精度大幅降低。因此，需要合理设计预测滤波方法，获取准确的目标轨迹预测信息，在脱靶量滞后的条件下引导跟踪系统实现对目标的高精度跟踪。

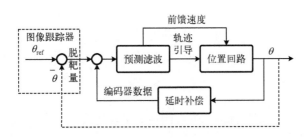

图 8-1　目标轨迹预测控制结构框图

## 8.2　基于卡尔曼滤波法的目标轨迹预测

常用的目标轨迹预测滤波方法有有限记忆最小平方滤波法、$\alpha$-$\beta$ 滤波法以及卡尔曼滤波法等。有限记忆最小平方滤波法是利用当前及前 $N$ 个采样时刻的数据，在均方差最小的条件下预测目标位置数据。有限记忆最小平方滤波法实现简单，由于需要使用多个历史采样数据进行计算，消除随机干扰的能力较强，但是，也由此导致最新采样的数据的作用被削弱。在目标机动性变强时，有限记忆最小平方滤波法可能无法及时作出反应，预测将出现较大误差，精度有限。$\alpha$-$\beta$ 滤波法是一种常增益最优递推滤波法，每次计算只使用当前时刻的采样数据，不必记录多帧历史采样数据，其预测滤波能力优于有限记忆最小平方滤波法。该方法对于匀加速的运动目标具有较好的预测滤波效果。卡尔曼滤波法是匈牙利数学家 Rudolf Emil Kalman 在 1960 年提出的最佳线性递推滤波法，它不需要使用多帧历史采样数据，只利用当前采样时刻和前一采样时刻的数据以及状态转移方程和递推方程，即可实现预测滤波并获得状态估计值。卡尔曼滤波法在存在噪声的条件下可以实现高精度的预测滤波，因此得到了广泛的应用。

基于卡尔曼滤波法的目标轨迹预测包含以下两个关键内容：一是选取合适的目标运动模型来近似描述目标的运动特性；二是采用合适的卡尔曼预测滤波算法高精度预估出目标轨迹。下面依次对上述两部分内容其进行介绍。

### 8.2.1　目标运动模型

目标运动模型是卡尔曼滤波法对目标轨迹进行预测的第一要素。目标运动模型的选取与实际目标的运动情况应相符或相近，并便于数学计算。

对于任意的运动目标，其状态方程可表示如下：

$$X(k+1) = AX(k) + BW(k) \tag{8.4}$$

式中，$X(k) = [x(k) \quad \dot{x}(k) \quad \ddot{x}(k)]^{\mathrm{T}}$ 为状态变量；$A$ 为状态转移矩阵；$B$ 为噪声输入矩阵；$W(k)$ 为高斯白噪声，其均值为零，方差阵为 $Q$。

量测方程可表示如下：

$$Z(k) = HX(k) + V(k) \tag{8.5}$$

式中，$H$ 为观测矩阵；$V(k)$ 为高斯白噪声，其均值为零，方差阵为 $R$，且 $V(k)$ 与 $W(k)$ 不相关。

在未知目标运动信息时，特别是目标的机动性较强的条件下，一般很难准确建立目标运动模型。因此，通常选取一些典型的目标运动模型对其进行近似。典型的目标运动模型有匀速运动模型、匀加速运动模型、Singer 模型以及当前统计模型等。下面对上述四种目标运动模型依次进行介绍。

#### 1）匀速运动模型

假设目标做匀速运动，则目标运动方程满足如下表达式：

$$\begin{cases} \dot{\theta}(t) = \omega(t) \\ \dot{\omega}(t) = a(t) = 0 \end{cases} \tag{8.6}$$

式中，$\theta(t)$、$\omega(t)$、$a(t)$ 分别为目标的位置、速度和加速度信号。

将式（8.6）表示为连续时间状态方程，状态变量为 $X(t) = [x(t) \quad \dot{x}(t)]^{\mathrm{T}}$，且 $x(t) = \theta(t)$，可得

$$\dot{X}(t) = \begin{bmatrix} \dot{x}(t) \\ \ddot{x}(t) \end{bmatrix} = \begin{bmatrix} 0 & 1 \\ 0 & 0 \end{bmatrix} \begin{bmatrix} x(t) \\ \dot{x}(t) \end{bmatrix} + \begin{bmatrix} 0 \\ 1 \end{bmatrix} w(t) \tag{8.7}$$

式中，$w(t)$ 为均值是零的高斯白噪声。

定义采样周期为 $T$，则式（8.7）的离散时间状态方程表达式如下：

$$\begin{bmatrix} x(k+1) \\ \dot{x}(k+1) \end{bmatrix} = \begin{bmatrix} 1 & T \\ 0 & 1 \end{bmatrix} \begin{bmatrix} x(k) \\ \dot{x}(k) \end{bmatrix} + \begin{bmatrix} T^2/2 \\ T \end{bmatrix} w(k) \tag{8.8}$$

由式 (8.8) 可得 $\boldsymbol{A} = \begin{bmatrix} 1 & T \\ 0 & 1 \end{bmatrix}$，$\boldsymbol{B} = \begin{bmatrix} T^2/2 \\ T \end{bmatrix}$。

量测方程表达式如下：

$$z(k) = \begin{bmatrix} 1 & 0 \end{bmatrix} \begin{bmatrix} x(k) \\ \dot{x}(k) \end{bmatrix} + v(k) \tag{8.9}$$

由式 (8.9) 可得 $\boldsymbol{H} = \begin{bmatrix} 1 & 0 \end{bmatrix}$。

式 (8.8) 和式 (8.9) 即构成目标的匀速运动模型。

2）匀加速运动模型

假设目标做匀加速运动，则目标运动满足如下表达式：

$$\begin{cases} \dot{\theta}(t) = \omega(t) \\ \dot{\omega}(t) = a(t) \\ \dot{a}(t) = 0 \end{cases} \tag{8.10}$$

式中，$\theta(t)$、$\omega(t)$、$a(t)$ 分别为目标的位置、速度和加速度信号。

将式 (8.10) 表示为系统连续时间状态方程，状态变量为 $\boldsymbol{X}(t) = \begin{bmatrix} x(t) & \dot{x}(t) & \ddot{x}(t) \end{bmatrix}^{\mathrm{T}}$，且 $x(t) = \theta(t)$，可得

$$\dot{\boldsymbol{X}}(t) = \begin{bmatrix} \dot{x}(t) \\ \ddot{x}(t) \\ \dddot{x}(t) \end{bmatrix} = \begin{bmatrix} 0 & 1 & 0 \\ 0 & 0 & 1 \\ 0 & 0 & 0 \end{bmatrix} \begin{bmatrix} x(t) \\ \dot{x}(t) \\ \ddot{x}(t) \end{bmatrix} + \begin{bmatrix} 0 \\ 0 \\ 1 \end{bmatrix} w(t) \tag{8.11}$$

定义采样周期为 $T$，则式 (8.11) 的离散时间状态方程表达式如下：

$$\begin{bmatrix} x(k+1) \\ \dot{x}(k+1) \\ \ddot{x}(k+1) \end{bmatrix} = \begin{bmatrix} 1 & T & T^2/2 \\ 0 & 1 & T \\ 0 & 0 & 1 \end{bmatrix} \begin{bmatrix} x(k) \\ \dot{x}(k) \\ \ddot{x}(k) \end{bmatrix} + \begin{bmatrix} T^3/6 \\ T^2/2 \\ T \end{bmatrix} w(k) \tag{8.12}$$

由式 (8.12) 可得 $\boldsymbol{A} = \begin{bmatrix} 1 & T & T^2/2 \\ 0 & 1 & T \\ 0 & 0 & 1 \end{bmatrix}$，$\boldsymbol{B} = \begin{bmatrix} T^3/6 \\ T^2/2 \\ T \end{bmatrix}$。

量测方程表达式如下：

$$z(k) = \begin{bmatrix} 1 & 0 & 0 \end{bmatrix} \begin{bmatrix} x(k) \\ \dot{x}(k) \\ \ddot{x}(k) \end{bmatrix} + v(k) \tag{8.13}$$

由式 (8.13) 可得 $\boldsymbol{H} = \begin{bmatrix} 1 & 0 & 0 \end{bmatrix}$。

式 (8.12) 和式 (8.13) 即构成目标的匀加速运动模型。

### 3) Singer 模型

目标运动的时间相关模型（即 Singer 模型），它描述的是目标加速度均值为零且一阶时间相关的运动模型。假设目标的加速度信号 $a(t)$ 表现为均值为零的一阶马尔可夫过程，那么 $a(t)$ 的时间相关函数表达式如下：

$$R_a(\tau) = E(a(t) \cdot a(t+\tau)) = \varepsilon_a^2 e^{-\xi|\tau|} \tag{8.14}$$

式中，$\varepsilon_a^2$ 为加速度方差；$\xi$ 为目标机动频率。在时间 $t+\tau$ 内，$\varepsilon_a^2$ 和 $\xi$ 两个参数可以决定目标的机动特性。

可采用 Wiener-kolmogorov 白化程序对时间相关函数 $R_a(\cdot)$ 进行处理，加速度信号可用含有白噪声的一阶时间相关函数来表示，表达式如下：

$$\dot{a}(t) = -\xi \cdot a(t) + w(t) \tag{8.15}$$

式中，$w(t)$ 为均值是零、方差是 $2\xi\varepsilon_a^2$ 的高斯白噪声。

可得目标运动的 Singer 模型表达式如下：

$$\begin{bmatrix} \dot{x}(t) \\ \ddot{x}(t) \\ \dddot{x}(t) \end{bmatrix} = \begin{bmatrix} 0 & 1 & 0 \\ 0 & 0 & 1 \\ 0 & 0 & -\xi \end{bmatrix} \begin{bmatrix} x(t) \\ \dot{x}(t) \\ \ddot{x}(t) \end{bmatrix} + \begin{bmatrix} 0 \\ 0 \\ 1 \end{bmatrix} w(t) \tag{8.16}$$

定义采样周期为 $T$，Singer 模型的离散时间状态方程表达式如下：

$$\begin{bmatrix} x(k+1) \\ \dot{x}(k+1) \\ \ddot{x}(k+1) \end{bmatrix} = \begin{bmatrix} 1 & T & \dfrac{-1+\xi T + e^{-\xi T}}{\xi^2} \\ 0 & 1 & \dfrac{1-e^{-\xi T}}{\xi} \\ 0 & 0 & e^{-\xi T} \end{bmatrix} \begin{bmatrix} x(k) \\ \dot{x}(k) \\ \ddot{x}(k) \end{bmatrix} + \begin{bmatrix} \dfrac{(1-e^{-\xi T})/\xi + \xi T^2/2 - T}{\xi^2} \\ \dfrac{T-(1-e^{-\xi T})/\xi}{\xi} \\ \dfrac{1-e^{-\xi T}}{\xi} \end{bmatrix} w(k) \tag{8.17}$$

式（8.17）即为目标运动的 Singer 模型。

### 4) 当前统计模型

目标运动的当前统计模型，它的基本思想是对于当前时刻的目标，其下一个采样时刻的加速度取值在当前加速度数值的邻域内，目标加速度符合非零均值时间相关过程，加速度信号的概率密度分布可由修正的瑞利分布描述。

目标的连续时间状态方程表达式如下：

$$\begin{bmatrix} \dot{x}(t) \\ \ddot{x}(t) \\ \dddot{x}(t) \end{bmatrix} = \begin{bmatrix} 0 & 1 & 0 \\ 0 & 0 & 1 \\ 0 & 0 & -\alpha \end{bmatrix} \begin{bmatrix} x(t) \\ \dot{x}(t) \\ \ddot{x}(t) \end{bmatrix} + \begin{bmatrix} 0 \\ 0 \\ \alpha \end{bmatrix} \bar{a} + \begin{bmatrix} 0 \\ 0 \\ 1 \end{bmatrix} w(t) \tag{8.18}$$

式中，$\alpha$ 为机动频率；$\bar{a}$ 为机动加速度均值。

若目标当前时刻的加速度为正值，其概率密度函数表达式如下：

$$P(a) = \begin{cases} \dfrac{a_{\max} - a}{\mu^2} \exp\left[ -\dfrac{(a_{\max}-a)^2}{2\mu^2} \right], & 0 < a < a_{\max} \\ 0, & a \geq a_{\max} \end{cases} \tag{8.19}$$

式中，$a_{\max} > 0$ 为加速度正上限值；$a$ 为随机加速度数值；$\mu$ 为一个常数。此时，$a$ 的均值 $E(a)$ 和方差 $\sigma_a^{\ 2}$ 满足如下表达式：

$$\begin{cases} E(a) = a_{\max} - \sqrt{\dfrac{\pi}{2}}a \\ \sigma_a^{\ 2} = \dfrac{4-\pi}{2}a^2 \end{cases} \tag{8.20}$$

若目标当前时刻的加速度为负值，其概率密度函数表达式如下：

$$P(a) = \begin{cases} \dfrac{a - a_{-\max}}{\mu^2}\exp\left[ -\dfrac{(a - a_{-\max})^2}{2\mu^2} \right], & a_{-\max} < a < 0 \\ 0, & a \leqslant a_{-\max} \end{cases} \tag{8.21}$$

式中，$a_{-\max} < 0$ 为加速度负下限值。此时，$a$ 的均值 $E(a)$ 和方差 $\sigma_a^{\ 2}$ 满足如下表达式：

$$\begin{cases} E(a) = a_{-\max} + \sqrt{\dfrac{\pi}{2}}a \\ \sigma_a^{\ 2} = \dfrac{4-\pi}{2}a^2 \end{cases} \tag{8.22}$$

若目标当前时刻的加速度为零，其概率密度函数可用狄拉克函数 $\delta(a)$ 表示：

$$P(a) = \delta(a) \tag{8.23}$$

## 8.2.2　卡尔曼滤波法及轨迹预测

卡尔曼滤波法具有预测精度高的优点，以目标运动模型和噪声统计模型作为前提实现预测滤波。针对不同的应用场合，研究人员对卡尔曼滤波法做了进一步的设计和改进。以标准的卡尔曼滤波法为基础，发展出了扩展卡尔曼滤波法、改进容积卡尔曼滤波法等方法。本节主要对标准卡尔曼滤波法和扩展卡尔曼滤波法两种方法进行介绍。

### 1）标准卡尔曼滤波法

标准卡尔曼滤波法是一种线性卡尔曼滤波法。它根据目标的运动状态方程建立数学模型，并先后经过预测方程和更新方程输出目标状态的预测信息。其中，预测阶段主要是使用目标的前一个或前几个采样周期的状态信息来预估当前时刻的状态信息；更新阶段主要是使用量测的目标状态信息来更新预测的状态信息。

线性运动目标的状态矩阵方程表达式如下：

$$\boldsymbol{x}_k = \boldsymbol{A}(k, k-1)\boldsymbol{x}_{k-1} + \boldsymbol{B}(k-1)\boldsymbol{w}_{k-1} \tag{8.24}$$

式中，$\boldsymbol{x}_k$ 是 $k$ 采样时刻系统的 $n$ 维状态矢量；$\boldsymbol{A}(k, k-1)$ 是 $n \times n$ 维状态转移矩阵；$\boldsymbol{B}(k-1)$ 是 $n \times p$ 维噪声输入矩阵；$\boldsymbol{w}_{k-1}$ 是 $p$ 维系统过程噪声。

量测方程表达式如下：

$$\boldsymbol{z}_k = \boldsymbol{H}(k)\boldsymbol{x}_k + \boldsymbol{v}_k \tag{8.25}$$

式中，$\boldsymbol{z}_k$ 是 $k$ 采样时刻系统的 $m$ 维观测序列；$\boldsymbol{H}(k)$ 是 $m \times n$ 维观测矩阵；$\boldsymbol{v}_k$ 是 $m$ 维观测噪声。

过程噪声 $\boldsymbol{w}$ 和观测噪声 $\boldsymbol{v}$ 均为高斯白噪声，其协方差矩阵满足：

$$\begin{cases} \mathrm{con}(\boldsymbol{w}) = E[\boldsymbol{w} \quad \boldsymbol{w}^{\mathrm{T}}] = \boldsymbol{Q} \\ \mathrm{con}(\boldsymbol{v}) = E[\boldsymbol{v} \quad \boldsymbol{v}^{\mathrm{T}}] = \boldsymbol{R} \end{cases} \tag{8.26}$$

状态估计的一步预测方程表达式如下：

$$\widehat{\boldsymbol{x}}_{k|k-1} = \boldsymbol{A}(k,k-1)\widehat{\boldsymbol{x}}_{k-1|k-1} \tag{8.27}$$

一步预测的协方差矩阵表达如下：

$$\boldsymbol{P}_{k|k-1} = \boldsymbol{A}(k,k-1)\boldsymbol{P}_{k-1|k-1}\boldsymbol{A}^{\mathrm{T}}(k,k-1) + \boldsymbol{Q}_{(k-1)} \tag{8.28}$$

卡尔曼滤波增益方程表达式如下：

$$\boldsymbol{K}_k = \boldsymbol{P}_{k|k-1}\boldsymbol{H}^{\mathrm{T}}(k)[\boldsymbol{H}(k)\boldsymbol{P}_{k|k-1}\boldsymbol{H}^{\mathrm{T}}(k) + \boldsymbol{R}_k]^{-1} \tag{8.29}$$

可得目标状态更新方程表达式如下：

$$\widehat{\boldsymbol{x}}_{k|k} = \widehat{\boldsymbol{x}}_{k|k-1} + \boldsymbol{K}_k[\boldsymbol{z}_k - \boldsymbol{H}(k)\widehat{\boldsymbol{x}}_{k|k-1}] \tag{8.30}$$

协方差矩阵更新方程表达式如下：

$$\boldsymbol{P}_{k|k} = [\boldsymbol{I} - \boldsymbol{K}_k\boldsymbol{H}(k)]\boldsymbol{P}_{k|k-1} \tag{8.31}$$

式中，$\boldsymbol{P}_{k|k-1}$ 为 $\boldsymbol{x}_{k|k-1}$ 的均方差矩阵；$\boldsymbol{P}_{k|k}$ 为 $\boldsymbol{x}_{k|k}$ 的均方差矩阵。

给定初值 $\boldsymbol{x}_0$ 和 $\boldsymbol{P}_0$，根据 $k$ 采样时刻的观测值 $\boldsymbol{z}_k$，就可以递推计算得到对应的状态估计 $\boldsymbol{x}_k(k=1,2,\cdots)$。当状态转移矩阵为 $\boldsymbol{A}(k,k-1)$ 时，可实现从 $k-1$ 到 $k$ 的一步预测。若将状态转移矩阵设为 $\boldsymbol{A}(k,k-m)$，即可实现从 $k-m$ 到 $k$ 的 $m$ 步预测。

**2）扩展卡尔曼滤波法**

由标准的卡尔曼滤波法的更新和预测方程可以看出，该方法进行预测滤波时系统的状态方程和量测方程应满足均为线性。但是对于实际的系统，可能无法全部满足上述条件。因此，有研究人员提出了适用于非线性系统的扩展卡尔曼滤波（EKF）法。

扩展卡尔曼滤波法由标准卡尔曼滤波法发展而来。首先，以系统状态的估计值为参考点，在其附近将非线性系统的状态矢量函数和量测矢量函数进行泰勒级数展开，并省略二阶以上的高阶项，实现非线性系统的线性化；其次，采用线性卡尔曼滤波法对线性化系统模型进行预测滤波。

非线性系统的离散状态方程表达式如下：

$$\begin{cases} \boldsymbol{x}_k = \boldsymbol{\phi}(\boldsymbol{x}_{k-1}) + \boldsymbol{w}_{k-1} \\ \boldsymbol{z}_k = \boldsymbol{h}(\boldsymbol{x}_k) + \boldsymbol{v}_k \end{cases} \tag{8.32}$$

式中，$\boldsymbol{x}_k$ 为系统的 $n$ 维状态矢量；$\boldsymbol{\phi}(\boldsymbol{x}_{k-1})$ 为 $\boldsymbol{x}_{k-1}$ 的 $n$ 维非线性矢量函数；$\boldsymbol{h}(\boldsymbol{x}_k)$ 为 $\boldsymbol{x}_k$ 的 $m$ 维非线性矢量函数；$\boldsymbol{z}_k$ 是系统的 $m$ 维观测矢量；$\boldsymbol{w}_{k-1}$ 是 $p$ 维过程噪声；$\boldsymbol{v}_k$ 是 $m$ 维观测噪声；$\boldsymbol{w}_{k-1}$ 和 $\boldsymbol{v}_k$ 是均值为零的白噪声。

对 $\boldsymbol{\phi}(\boldsymbol{x}_{k-1})$ 和 $\boldsymbol{h}(\boldsymbol{x}_k)$ 分别进行泰勒级数展开，并取一次项，可得

$$\boldsymbol{x}_k = \boldsymbol{\phi}(\widehat{\boldsymbol{x}}_{k-1|k-1}) + \left.\frac{\partial\boldsymbol{\phi}(\boldsymbol{x}_{k-1})}{\partial\boldsymbol{x}_{k-1}}\right|_{\boldsymbol{x}_{k-1}=\widehat{\boldsymbol{x}}_{k-1|k-1}} \times (\boldsymbol{x}_{k-1} - \widehat{\boldsymbol{x}}_{k-1|k-1}) + \boldsymbol{w}_{k-1} \tag{8.33}$$

$$\boldsymbol{z}_k = \boldsymbol{h}(\widehat{\boldsymbol{x}}_{k|k-1}) + \left.\frac{\partial\boldsymbol{h}(\boldsymbol{x}_k)}{\partial\boldsymbol{x}_k}\right|_{\boldsymbol{x}_k=\widehat{\boldsymbol{x}}_{k|k-1}} \times (\boldsymbol{x}_k - \widehat{\boldsymbol{x}}_{k|k-1}) + \boldsymbol{v}_k \tag{8.34}$$

定义 $\boldsymbol{\phi}(k,k-1)=\left.\dfrac{\partial\boldsymbol{\phi}(x_{k-1})}{\partial x_{k-1}}\right|_{x_{k-1}=\hat{x}_{k-1|k-1}}$ ,$\boldsymbol{u}_{k-1}=\boldsymbol{\phi}(\hat{x}_{k-1|k-1})-\boldsymbol{\phi}(k,k-1)\hat{x}_{k-1|k-1}$ ,$\boldsymbol{H}(k)=\left.\dfrac{\partial\boldsymbol{h}(x_{k})}{\partial x_{k}}\right|_{x_k=\hat{x}_{k|k-1}}$ ,

$\boldsymbol{b}_{k-1}=\boldsymbol{h}(\hat{x}_{k|k-1})-\boldsymbol{H}(k)\hat{x}_{k|k-1}$ ，可得线性化后的状态方程和量测方程表达式如下：

$$\begin{cases} \boldsymbol{x}_k = \boldsymbol{\phi}(k,k-1)\boldsymbol{x}_{k-1}+\boldsymbol{u}_{k-1}+\boldsymbol{w}_{k-1} \\ \boldsymbol{z}_k = \boldsymbol{H}(k)\boldsymbol{x}_k+\boldsymbol{b}_k+\boldsymbol{v}_k \end{cases} \tag{8.35}$$

扩展卡尔曼滤波法的更新方程和预测方程表达式如下：

$$\hat{x}_{k|k-1}=\boldsymbol{\phi}(k,k-1)\hat{x}_{k-1|k-1} \tag{8.36}$$

$$\hat{x}_{k|k}=\boldsymbol{K}_k\hat{x}_{k|k-1}[\boldsymbol{z}_k-\boldsymbol{b}_k-\boldsymbol{H}_k\hat{x}_{k|k-1}] \tag{8.37}$$

$$\boldsymbol{K}_k=\boldsymbol{P}_{k|k-1}\boldsymbol{H}^{\mathrm{T}}(k)[\boldsymbol{H}(k)\boldsymbol{P}_{k|k-1}\boldsymbol{H}^{\mathrm{T}}(k)+\boldsymbol{R}_k]^{-1} \tag{8.38}$$

$$\boldsymbol{P}_{k|k-1}=\boldsymbol{\phi}(k,k-1)\boldsymbol{P}_{k-1|k-1}\boldsymbol{\phi}^{\mathrm{T}}(k,k-1)+\boldsymbol{Q}_{k-1} \tag{8.39}$$

$$\boldsymbol{P}_{k|k}=[\boldsymbol{I}-\boldsymbol{K}_k\boldsymbol{H}(k)]\boldsymbol{P}_{k|k-1} \tag{8.40}$$

扩展卡尔曼滤波法是一种次优滤波，由于非线性系统的线性化过程有一定的误差，其预测滤波精度有限。目前，扩展卡尔曼滤波法在一些非线性程度不是很高的应用场合中取得了较好的效果。

在光电跟踪系统中，可采用实验测试的方法辨识出脱靶量信号的滞后时间。将编码器角度位置信息和脱靶量信息进行复合相加，就可以得到具有一定滞后时间的目标位置信息。利用卡尔曼滤波法对其进行滤波运算，即可预测出当前时刻的目标位置、速度以及加速度信息。使用预测滤波所得的目标位置和速度信息引导系统，可以实现对脱靶量滞后的有效补偿，也可以在目标遮挡等脱靶量无法有效提取时实现记忆跟踪，提高光电跟踪系统的跟踪精度。

## 8.2.3　基于卡尔曼滤波法的目标轨迹预测仿真举例

### 1）标准卡尔曼预测滤波仿真分析

仿真分析标准卡尔曼滤波法的预测滤波效果。分别给定匀速、匀加速以及正弦运动的目标位置信号，验证标准卡尔曼滤波法对不同类型信号的预测滤波能力。

给定一个匀速运动目标轨迹 $\theta=0.01t$（单位°），采样周期 $T=0.001\mathrm{s}$，每个采样点滞后一个采样周期作为输入量测数据。使用匀速运动模型和标准卡尔曼滤波法对其进行预测滤波。目标状态方程和量测方程的矩阵满足

$$\boldsymbol{A}=\begin{bmatrix}1 & T\\0 & 1\end{bmatrix},\quad \boldsymbol{H}=[1\quad 0]$$

匀速运动目标的卡尔曼预测滤波结果曲线如图 8-2 所示，预测目标轨迹与给定目标轨迹的对比如图 8-3 所示。

由图 8-2 可以看出，预测目标轨迹的速度为恒值 $0.01°/\mathrm{s}$，与实际目标轨迹的速度相等。由图 8-3 可以看出，给定目标轨迹和预测目标轨迹基本重合，最大误差量级为 $10^{-6}$。仿真结果表明，使用匀速运动模型和标准卡尔曼预测滤波方法，可以实现对匀速运动目标轨迹的高精度预测。

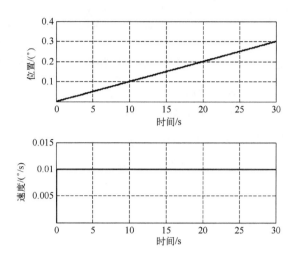

图 8-2　卡尔曼预测滤波结果曲线(匀速运动目标)

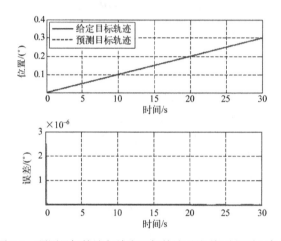

图 8-3　预测目标轨迹与给定目标轨迹对比(匀速运动目标)

给定一个匀加速运动目标轨迹 $\theta = 0.9t^2$(单位(°)),采样周期 $T = 0.001\mathrm{s}$,每个采样点滞后一个采样周期作为输入量测数据。使用匀加速运动模型和标准卡尔曼滤波法对其进行预测滤波。目标状态方程和量测方程的矩阵满足

$$\boldsymbol{A} = \begin{bmatrix} 1 & T & 0.5T^2 \\ 0 & 1 & T \\ 0 & 0 & 1 \end{bmatrix}, \quad \boldsymbol{H} = \begin{bmatrix} 1 & 0 & 0 \end{bmatrix}$$

匀加速运动目标的卡尔曼预测滤波结果曲线如图 8-4 所示,预测目标轨迹与给定目标轨迹的对比如图 8-5 所示。

由图 8-4 可以看出,预测目标轨迹的加速度约为恒值 $1.8°/\mathrm{s}^2$,与实际目标轨迹的加速度相等。由图 8-5 可以看出,给定目标轨迹和预测目标轨迹基本重合,最大误差量级为 $10^{-5}$。仿真结果表明,使用匀加速运动模型和标准卡尔曼预测滤波方法,可以实现对匀加速运动目标轨迹的高精度预测。

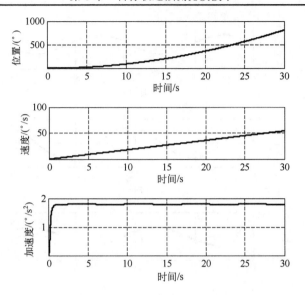

图 8-4　卡尔曼预测滤波结果曲线(匀加速运动目标)

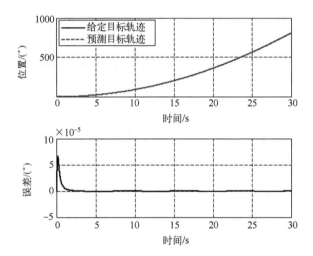

图 8-5　预测目标轨迹与给定目标轨迹对比(匀加速运动目标)

给定一个正弦运动目标轨迹 $\theta = 2\sin(0.3\,t)$(单位°),采样周期 $T = 0.001\mathrm{s}$,每个采样点滞后一个采样周期作为输入量测数据。使用匀加速运动模型和标准卡尔曼滤波法对其进行预测滤波。目标状态方程和量测方程的矩阵满足

$$\boldsymbol{A} = \begin{bmatrix} 1 & T & 0.5T^2 \\ 0 & 1 & T \\ 0 & 0 & 1 \end{bmatrix}, \quad \boldsymbol{H} = \begin{bmatrix} 1 & 0 & 0 \end{bmatrix}$$

正弦运动目标的卡尔曼预测滤波结果曲线如图 8-6 所示,预测目标轨迹与给定目标轨迹的对比如图 8-7 所示。

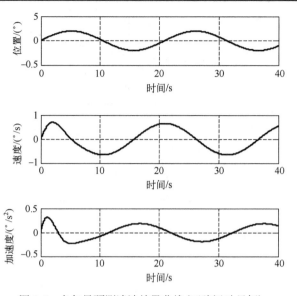

图 8-6　卡尔曼预测滤波结果曲线（正弦运动目标）

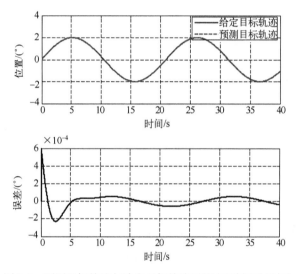

图 8-7　预测目标轨迹与给定目标轨迹对比（正弦运动目标）

目标轨迹的最大速度为 $0.6°/s$，最大加速度为 $0.18°/s^2$，由图 8-6 可以看出，卡尔曼预测轨迹与给定目标的速度、加速度最大幅值均稍有偏差。由图 8-7 可以看出，相比于匀速和匀加速运动目标，卡尔曼滤波对于正弦运动目标轨迹的预测精度有所下降。这是因为正弦信号的加速度处于随时间不断变化的状态，此时仍采用匀加速目标运动模型进行预测，必然会带来一定的精度损失。

在给定正弦运动目标轨迹中加入白噪声，卡尔曼预测目标轨迹与给定目标轨迹的对比如图 8-8 所示。从局部放大曲线可以看出，相比于给定目标轨迹，预测目标轨迹中所包含的噪声明显下降。这是因为卡尔曼滤波法可同时实现对给定信号的预测和滤波作用。仿真结果表明，使用匀加速运动模型和标准卡尔曼预测滤波方法，对正弦运动的目标轨迹仍可实现一定程度保精度的预测滤波。

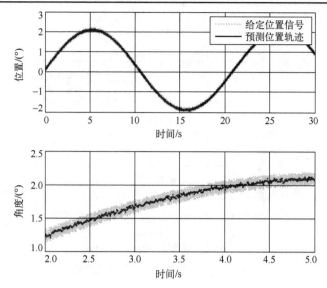

图 8-8　预测目标轨迹与给定目标轨迹对比(含噪声正弦运动目标)

### 2) 预测滤波对脱靶量滞后补偿效果仿真分析

仿真分析基于卡尔曼滤波法的目标轨迹预测对于脱靶量滞后补偿的有效性。

给定位置正弦参考信号 $\theta_{\mathrm{ref}} = 4\sin(0.5t)$（单位°），闭环控制校正参数不变的条件下，无脱靶量滞后时系统位置跟踪曲线如图 8-9(a) 所示；设定系统脱靶量滞后一帧，滞后时间为 0.01s，在此条件下系统位置跟踪曲线如图 8-9 (b) 所示。

对比图 8-9(a) 和图 8-9 (b) 可以看出，脱靶量滞后导致位置响应的过渡过程变差，稳定性降低，动态响应性能急剧下降。此时，若无任何补偿措施，则需要降低控制增益以改善跟踪的动态过渡过程，但是控制参数的降低必然会导致系统跟踪精度下降。

采用基于卡尔曼滤波法的目标轨迹预测，生成目标预测轨迹，对系统进行引导跟踪。此时，位置跟踪曲线如图 8-10 所示。由仿真结果可以看出，采用目标预测轨迹对系统进行引导，改善了系统跟踪的动态过渡过程，且系统跟踪精度得到了提高，实现了对系统脱靶量滞后的有效补偿。

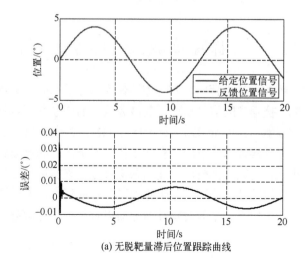

(a) 无脱靶量滞后位置跟踪曲线

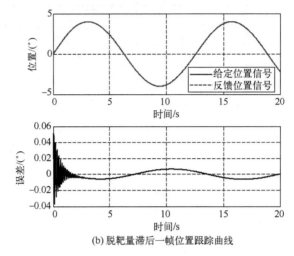

(b) 脱靶量滞后一帧位置跟踪曲线

图 8-9　脱靶量滞后对位置跟踪的影响

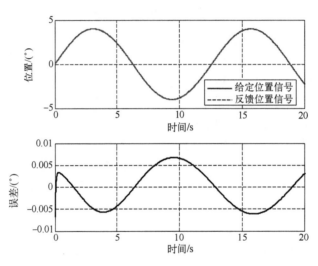

图 8-10　预测轨迹引导位置跟踪曲线

## 8.3　基于跟踪微分器的目标轨迹预测

在机电伺服控制系统的设计过程中，有时需要使用信号的一阶微分或二阶微分。但是对于实际系统中带有随机干扰噪声的信号来说，其微分信号的提取并不容易。针对该问题，韩京清老师提出了跟踪微分器(Tracking Differentiator，TD)，为微分信号的平滑提取提供了一种有效方法。随着跟踪微分器技术的发展，实际工程中对于信号的滤波跟踪和微分信号高精度提取成为可能。因此，有研究人员提出了使用跟踪微分器来实现目标轨迹预测的方法。与基于卡尔曼滤波法的目标轨迹预测不同，基于跟踪微分器的目标轨迹预测不要求已知目标的运动模型，这也是它的一个优点。本节对跟踪微分器以及基于跟踪微分器的目标轨迹预测依次进行介绍。

### 8.3.1　跟踪微分器

跟踪微分器的示意图如图 8-11 所示，它是一种无模型滤波器，不需要系统模型的先验信息和噪声统计信息。对于一个给定输入信号，跟踪微分器通过积分运算求取输入信号的微分，避免直接差分造成的噪声放大，输出含有滤波作用的跟踪信号及其一阶、二阶微分信号。从理论上来说，多个跟踪微分器串联就可实现对输入信号的多阶微分信号求取。

跟踪微分器在光电跟踪系统、卫星姿态控制、机器人等领域都得到了应用。在传统跟踪微分器的基础上，研究人员也提出了多种不同形式的跟踪微分器。目前，应用较

图 8-11　跟踪微分器示意图

多的跟踪微分器有两类：线性跟踪微分器和非线性跟踪微分器。下面对两类典型跟踪微分器依次进行介绍。

**1）线性跟踪微分器**

典型的二阶线性跟踪微分器表达式如下：

$$\begin{cases} x_1(k+1) = x_1(k) + hx_2(k) \\ x_2(k+1) = x_2(k) - h[r^2(x_1(k) - v(k)) + 2rx_2(k)] \end{cases} \tag{8.41}$$

式中，$h$ 为积分步长；$r$ 为速度因子，$h$ 与 $r$ 是线性跟踪微分器的两个关键参数；$v(k)$ 为输入信号，该二阶跟踪微分器可以实现对输入信号 $v(k)$ 的滤波跟踪 $x_1(k)$，并可输出其一阶微分信号 $x_2(k)$。线性跟踪微分器结构简单，便于分析和实现。

**2）非线性跟踪微分器**

为了实现以最快跟踪输入信号的环节来求取微分信号，研究人员首先提出了二阶最速非线性跟踪微分器，表达式如下：

$$\begin{cases} x_1(k+1) = x_1(k) + h \cdot x_2(k) \\ x_2(k+1) = x_2(k) + h \cdot \mathrm{fst} \end{cases} \tag{8.42}$$

式中，fst 为非线性函数，表达式如下：

$$\mathrm{fst} = -r \cdot \mathrm{sign}\left( (x_1(k) - v(k)) + \frac{x_2(k)|x_2(k)|}{2r} \right) \tag{8.43}$$

上述最速非线性跟踪微分器的问题在于，系统进入稳态后可能会产生抖振现象。

为了解决上述问题，研究人员又设计引入了一个新的最速综合控制函数 fhan($x_1(k) - v$, $x_2(k), r, h_0$)，表达式如下：

$$\mathrm{fhan}(x_1(k) - v, x_2(k), r, h_0) = \begin{cases} -ra/d, & |a| \leq d \\ -r \cdot \mathrm{sign}(a), & |a| > d \end{cases}$$

$$\begin{cases} d = rh_0, \quad d_0 = h_0 d, \quad y = x_1 - v + h_0 x_2, \quad a_0 = \sqrt{d^2 + 8r|y|} \\ a = \begin{cases} x_2 + \dfrac{y}{h_0}, & |y| \leq d_0 \\ x_2 + \dfrac{a_0 - d}{2} \cdot \mathrm{sign}(y), & |y| > d_0 \end{cases} \end{cases} \tag{8.44}$$

式中，$a$、$a_0$、$d$、$d_0$、$y$ 等均为中间变量参数。

基于最速综合控制函数 $\mathrm{fhan}(x_1(k)-v,x_2(k),r,h_0)$ 的跟踪微分器表达式如下：

$$\begin{cases} x_1(k+1) = x_1(k) + h \cdot x_2(k) \\ x_2(k+1) = x_2(k) + h \cdot \mathrm{fhan}(x_1(k)-v(k),x_2(k),r,h_0) \end{cases} \tag{8.45}$$

式中，$h_0$ 为滤波因子。其中，速度因子和滤波因子是该跟踪微分器的两个关键参数。速度因子 $r$ 决定跟踪微分器对输入信号的跟踪速度，$r$ 越大，跟踪速度越快。滤波因子 $h_0$ 决定跟踪滤波器的滤波效果，$h_0$ 越大，滤波效果越好，但是也会导致跟踪微分器的相位损失变大，因此需折中进行参数取值。

### 3）非线性跟踪微分器跟踪滤波性能

对基于最速综合控制函数 $\mathrm{fhan}(x_1(k)-v,x_2(k),r,h_0)$ 的非线性跟踪微分器的跟踪滤波性能进行仿真分析。

首先，仿真分析跟踪微分器的两个关键参数对跟踪微分效果的影响。给定一个带有噪声的阶跃信号作为输入信号，积分步长 $h$ 取值 0.01，滤波因子 $h_0$ 取值 0.02 不变，速度因子 $r$ 分别取 200、20 和 2 的条件下，跟踪微分效果曲线如图 8-12 所示。

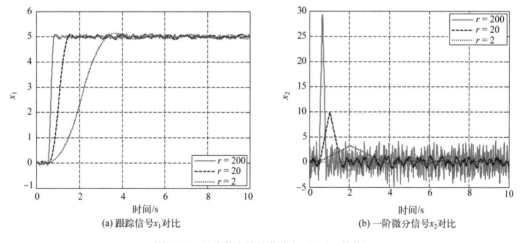

(a) 跟踪信号 $x_1$ 对比　　　　　　　　　　(b) 一阶微分信号 $x_2$ 对比

图 8-12　跟踪微分效果曲线（$r$ 取不同数值）

由图 8-12(a) 跟踪信号 $x_1$ 的对比结果可以看出，在参数 $h$ 取值不变的条件下，$r$ 取值越大，跟踪微分器对输入信号的跟踪速度越快；由图 8-12(b) 一阶微分信号 $x_2$ 的对比结果可以看出，$r$ 取值越大，一阶微分信号中的噪声越大，表明跟踪微分器的噪声抑制能力有所减弱。

积分步长 $h$ 取值 0.01，速度因子 $r$ 取值 20 不变，滤波因子 $h_0$ 分别取 0.02、0.2 和 0.6 的条件下，跟踪微分效果曲线如图 8-13 所示。

在速度因子 $r$ 取值不变的条件下，滤波因子 $h_0$ 可以改变跟踪微分器的相位和噪声滤波能力。由图 8-13(a) 跟踪信号 $x_1$ 的对比结果可以看到，由于滤波因子改变了跟踪微分器的相位，因此对 $x_1$ 的动态响应过程产生一定影响，$h_0$ 越大，响应速度越慢。滤波因子的主要作用在于改变跟踪微分器的滤波能力，由图 8-13 (b) 一阶微分信号 $x_2$ 的对比结果可以看出，滤波因子 $h_0$ 取值越大，跟踪微分器的噪声滤波能力越强。

其次，仿真分析跟踪微分器对时变信号的跟踪和求微分能力。给定一个不含噪声的正弦

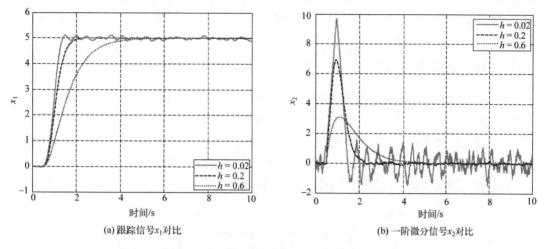

(a) 跟踪信号$x_1$对比　　　　　　　　　　　　(b) 一阶微分信号$x_2$对比

图 8-13　跟踪微分效果曲线($h$ 取不同数值)

输入信号 $v(t) = \sin(0.3\,t)$，积分步长 $h$ 取值 0.001，速度因子 $r$ 取值 3000，滤波因子 $h_0$ 取值 0.001，跟踪微分效果曲线如图 8-14 所示。可以看到，跟踪信号和一阶微分信号均与给定输入信号的变化规律相符，有能力对时变信号进行滤波跟踪和求微分。在上述参数取值条件下，跟踪微分器对给定输入信号的最大跟踪误差量级为 $10^{-4}$。

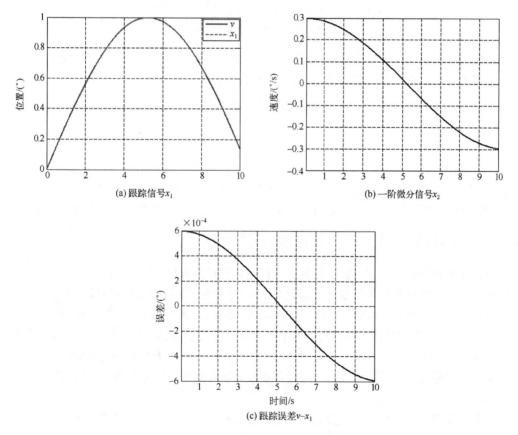

(a) 跟踪信号$x_1$　　　　　　　　　　　　(b) 一阶微分信号$x_2$

(c) 跟踪误差$v-x_1$

图 8-14　$h = 0.001$，$r = 3000$，$h_0 = 0.001$ 跟踪微分效果曲线

以上仿真结果表明，跟踪微分器在存在噪声的条件下，可以实现对阶跃或时变等输入信号的滤波跟踪与一阶微分求取。

### 8.3.2　预测外推及轨迹预测

由于跟踪微分器的滤波跟踪和求微分的能力较强，因此有研究人员提出采用跟踪微分器实现目标轨迹预测。首先，通过跟踪微分器对利用脱靶量信号和编码器信号复合生成的目标位置信号进行滤波跟踪与一阶微分求取，获得其跟踪信号 $x_1$ 和一阶微分信号 $x_2$，实现对目标速度信号的预测；其次，采用预估重构方法对目标轨迹进行外推预测。

基于跟踪微分器的目标轨迹预测过程如图 8-15 所示。

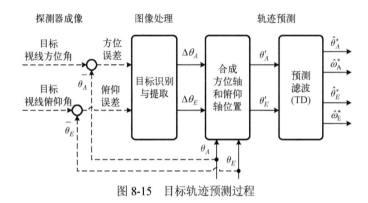

图 8-15　目标轨迹预测过程

跟踪微分器的设计方法已在 8.3.1 节中介绍，此处对目标轨迹的预估重构方法进行介绍。基于式(8.45)，跟踪微分器的目标轨迹预估重构方法有如下两种：

$$\hat{\theta}(k) = x_1(k) + \tau x_2(k) \tag{8.46}$$

$$\hat{\theta}(k) = x_1(k) + \tau x_2(k) + \frac{1}{2}\tau^2 \text{fhan}(\cdot) \tag{8.47}$$

式中，$\hat{\theta}(k)$ 为预测目标轨迹；$\tau$ 为预测时间。比较式(8.46)和式(8.47)可以看出，式(8.47)相当于将加速度信息结合到轨迹预测过程中，加速度信息的加入有利于对机动目标轨迹的预测。但是通常系统中的加速度信息可能包含较多噪声，需要进行适当的处理才能取得较好的预测效果。

### 8.3.3　基于跟踪微分器的目标轨迹预测仿真举例

#### 1）基于跟踪微分器的目标轨迹预测方法的有效性仿真分析

给定一个位置正弦参考信号 $\theta_{\text{ref}} = 2\sin(0.3t)$（单位(°)），每个采样点滞后 0.01s 作为重构目标位置信号 $\theta$，输入跟踪微分器（$r = 3000$，$h = 0.001$，$h_0 = 0.001$）；再利用外推预测公式(8.47)和跟踪微分器的输出信号进行目标轨迹预测，目标轨迹预测仿真结果如图 8-16 所示。

由图 8-16 可以看出，在此仿真条件下，生成的目标预测轨迹与未经延迟的原始位置信号的差值在 $10^{-3}$ 量级。仿真结果表明，采用跟踪微分器和外推预测能够以一定的精度实现目标轨迹预测，该方法是有效的。

#### 2）基于跟踪微分器的目标预测滤波方法对于脱靶量滞后补偿的有效性仿真分析

给定位置正弦参考信号 $\theta_{\text{ref}} = 4\sin(0.5t)$（单位°），闭环控制校正参数与 8.2.3 节相同且保持不变，设定系统脱靶量滞后一帧，滞后时间 0.01s。采用基于跟踪微分器的目标轨迹预测方法，生成目标预测轨迹，预测轨迹引导系统的位置跟踪结果如图 8-17 所示。

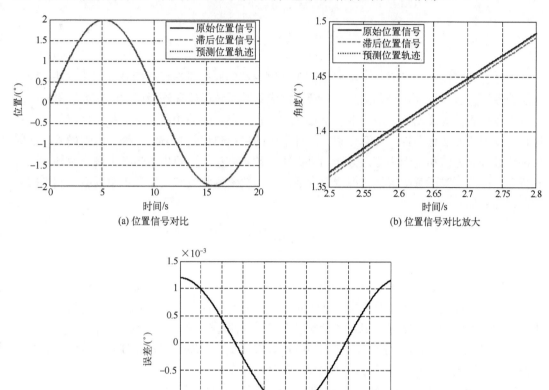

(a) 位置信号对比　　　　　　　　　　　　　(b) 位置信号对比放大

(c) 位置预测误差

图 8-16　目标轨迹预测仿真结果

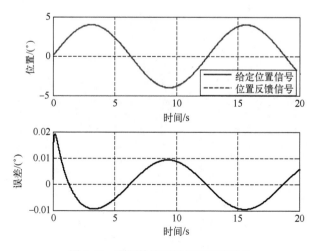

图 8-17　预测轨迹引导位置跟踪结果

对比图 8-9 和图 8-17 可以看出，采用基于跟踪微分器的目标预测轨迹对系统进行引导，同样可减少脱靶量滞后给系统带来的影响，提高脱靶量滞后条件下系统对动态目标信号的跟踪精度。

# 8.4　小　　结

本章介绍了图像跟踪系统一类机电伺服控制系统的脱靶量滞后问题及其解决方法，即目标轨迹预测方法。目标轨迹预测是一种解决图像跟踪系统脱靶量滞后问题的有效手段，同时也可在目标遮挡等脱靶量无效的条件下实现对设备一定时间的预测引导跟踪。目前，实现目标轨迹预测的方法有多种，本章介绍了两种常用的目标轨迹预测方法：基于卡尔曼滤波法的目标轨迹预测方法和基于跟踪微分器的目标轨迹预测方法，并给出了仿真举例。两种方法各有特点，在应用时读者应根据情况选取合适的目标轨迹预测方法，引导机电伺服控制系统高精度跟踪目标。

# 复习思考题

8-1　假定某机电伺服控制系统速度闭环传递函数等效为 $1/(0.011s+1)$，设计位置控制器进行位置闭环控制；设定脱靶量帧频为 50Hz 且滞后一帧，仿真给出脱靶量滞后前后系统位置开环频率特性的对比结果，以及系统响应 5° 位置阶跃参考信号的对比结果。

8-2　给定一个信号 $r(t)=0.1t+2\sin(0.1t)$，设计一个非线性跟踪微分器对该信号进行跟踪滤波，并给出跟踪微分器的跟踪曲线和一阶微分曲线。

8-3　给定一个目标运动轨迹 $\theta=0.2t+3\cos(0.2t)$（单位°），滞后 0.02s 作为重构目标位置信号，给出基于卡尔曼滤波法的目标轨迹预测仿真结果，画出预测轨迹的位置、速度和加速度曲线。

# 参 考 文 献

陈鹏展, 2010. 交流伺服系统控制参数自整定策略研究[D]. 武汉: 华中科技大学.

邓永停, 李洪文, 王建立, 等, 2017. 结构滤波器在望远镜主轴控制系统中的应用[J]. 光学精密工程, 25(4): 900-909.

杜杰, 2011. 基于加速度计的光电伺服跟踪系统前馈控制[D]. 长春: 中国科学院研究生院(长春光学精密机械与物理研究所).

龚文全, 2020. 柔性负载交流伺服系统的机械谐振抑制[D]. 广州: 广东工业大学.

韩京清, 黄远灿, 2003. 二阶跟踪——微分器的频率特性[J]. 数学的实践与认识, 33(3): 71-74.

胡浩, 2012. 交流永磁伺服系统在线抑制机械谐振技术研究[D]. 哈尔滨: 哈尔滨工业大学.

胡金高, 程国扬, 2014. 鲁棒近似时间最优控制及其在电机伺服系统的应用[J]. 电工技术学报, 29(7): 163-172.

贾勇, 2018. 交流伺服系统 PI 控制器参数自整定方法研究[D]. 大连: 大连交通大学.

蒋复岱, 2007. 全数字交流伺服电机驱动器的研制[D]. 长沙: 中南大学.

孔德杰, 2013. 机载光电平台扰动力矩抑制与改善研究[D]. 长春: 中国科学院研究生院(长春光学精密机械与物理研究所).

李杰, 2008. 伺服系统惯量识别及谐振抑制方法研究[D]. 哈尔滨: 哈尔滨工业大学.

李文军, 赵金宇, 陈涛, 2005. 速度滞后补偿参数对光电伺服系统的影响分析[J]. 测试技术学报, 19(1): 70-74.

李钊, 2011. 基于 Anti-Windup 永磁同步伺服系统控制参数自整定技术研究[D]. 哈尔滨: 哈尔滨工业大学.

刘可述, 2012. PMSM 伺服系统速度环和位置环控制器参数自整定技术[D]. 哈尔滨: 哈尔滨工业大学.

刘竹, 2013. 带 PI 参数自整定的永磁同步电机伺服系统的设计与实现[D]. 长沙: 湖南大学.

吕明明, 侯润民, 柯于峰, 等, 2019. 光电跟踪平台脱靶量滞后补偿方法[J]. 西安交通大学学报, 53(11): 141-147.

潘玲, 2009. 光电稳像系统跟踪控制与脱靶量预测方法研究[D]. 哈尔滨: 哈尔滨工程大学.

彭东, 2012. 机载光电跟踪平台脱靶量滞后的补偿方法研究[J]. 计算机测量与控制, 20(3): 728-730.

申帅, 张葆, 李贤涛, 等, 2017. 基于伪微分和加速度反馈的航空光电稳定平台控制方法[J]. 中国光学, 10(4): 491-498.

石鑫, 2020. 交流伺服系统机械谐振自适应抑制技术研究[D]. 武汉: 华中科技大学.

田福庆, 李克玉, 2015. 舰载激光武器跟踪与瞄准控制[M]. 北京: 国防工业出版社.

王建立, 2002. 光电经纬仪电视跟踪, 捕获快速运动目标技术的研究[D]. 长春: 中国科学院研究生院(长春光学精密机械与物理研究所).

王建立, 陈涛, 陈娟, 等, 2002. 提高光电经纬仪跟踪快速运动目标能力的一种方法[J]. 光电工程, 29(1): 34-37.

王建立, 吉桐伯, 高昕, 等, 2005. 加速度滞后补偿提高光电跟踪系统跟踪精度的方法[J]. 光学精密工程, 13(6): 681-685.

王莉娜, 朱鸿悦, 杨宗军, 2014. 永磁同步电动机调速系统 PI 控制器参数整定方法[J]. 电工技术学报, 29(5): 104-117.

王晓明, 2020. 电动机的单片机控制[M]. 北京: 北京航空航天大学出版社.

王昱忠, 2018. 伺服系统机械谐振抑制方法的研究与实现[D]. 长春: 中国科学院大学（中国科学院沈阳计算技术研究所）.

夏培培, 2018. 基于系统辨识的望远镜消旋 K 镜转台自抗扰控制技术研究[D]. 长春: 中国科学院大学（中国科学院长春光学精密机械与物理研究所）.

许庆, 2015. 具有参数自整定功能的交流伺服系统设计与实现[D]. 哈尔滨: 哈尔滨工业大学.

杨明, 徐殿国, 贵献国, 2007. 永磁交流速度伺服系统抗饱和设计研究[J]. 中国电机工程学报, 27(5): 28-32.

杨秀华, 2004. 预测滤波技术在光电目标跟踪中的应用研究[D]. 长春: 中国科学院研究生院（长春光学精密机械与物理研究所）.

于跃, 2021. 高分辨遥感卫星单框架控制力矩陀螺伺服控制技术研究[D]. 长春: 中国科学院大学（中国科学院长春光学精密机械与物理研究所）.

袁登科, 陶生桂, 2011. 交流永磁电机变频调速系统[M]. 北京: 机械工业出版社.

袁雷, 2016. 现代永磁同步电机控制原理及 MATLAB 仿真[M]. 北京: 北京航空航天大学出版社.

张晗, 2018. 交流伺服系统速度环自整定技术研究[D]. 哈尔滨: 哈尔滨工业大学.

张平, 董小萌, 付奎生, 等, 2011. 机载/弹载视觉导引稳定平台的建模与控制[M]. 北京: 国防工业出版社.

张兴华, 姚丹, 2014. 感应电机直接转矩控制系统的"抗饱和"控制器设计[J]. 电工技术学报, 29(5): 181-188.

CHOI J W, LEE S C, 2009. Antiwindup strategy for PI-type speed controller[J]. IEEE transactions on industrial electronics, 56(6): 2039-2046.

DE DONCKER R W, PULLE D W J, VELTMAN A, 2020. Advanced electrical drives: analysis, modeling, control [M]. Berlin: Springer.

FIROOZIAN R, 2014. Servo motors and industrial control theory[M]. Berlin: Springer.

GAWRONSKI W, 2007. Control and pointing challenges of large antennas and telescopes[J]. IEEE transactions on control systems technology, 15(2): 276-289.

GIRI F, 2013. AC electric motors control: advanced design techniques and applications[M]. Hoboken: John Wiley & Sons.

QUANG N P, 2008. Vector control of three-phase AC machines[M]. Berlin: Springer.

SAVARESE S, PERROTTA F, SCHIPANI P, et al, 2020. Trajectory generation methods for radio and optical telescopes[C]. Ground-based and airborne telescopes VIII. SPIE, 11445: 959-970.

SEDGHI B, BAUVIR B, DIMMLER M, 2008. Acceleration feedback control on an AT[C]. Marseille: Ground-based and airborne telescopes II. SPIE, 7012: 704-715.

SMITH D R, SOUCCAR K, 2008. A polynomial-based trajectory generator for improved telescope control[C]. Marseille: Advanced software and control for astronomy II. SPIE, 7019: 91-102.

TYLER S R, 1994. A trajectory preprocessor for antenna pointing[R]. The telecommunications and data acquisition report.

VUKOSAVIC S N, 2007. Digital control of electrical drives[M]. Berlin: Springer.

# 复习思考题答案

## 第1章

略。

## 第2章

2-1　答：三相静止坐标系下的电流如图 1 所示，根据 Clarke 变换可得两相静止坐标系下的电流响应曲线如图 2 所示。

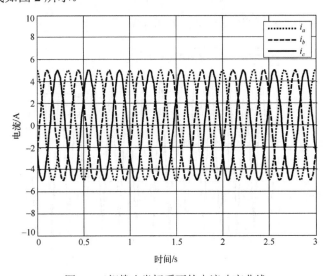

图 1　三相静止坐标系下的电流响应曲线

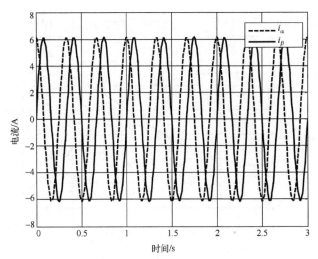

图 2　两相静止坐标系下的电流响应曲线

2-2 答：扇区 $N$ 计算结果，如图 3 所示。

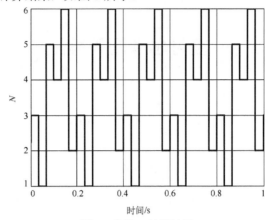

图 3 扇区 $N$ 计算结果

时间变量 $t_{a\text{on}}$、$t_{b\text{on}}$、$t_{c\text{on}}$ 的计算结果，如图 4 所示。

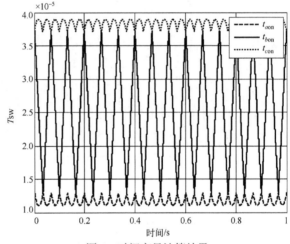

图 4 时间变量计算结果

2-3 答：此时，三相静止坐标系下的电流响应曲线示意图如图 5 所示。

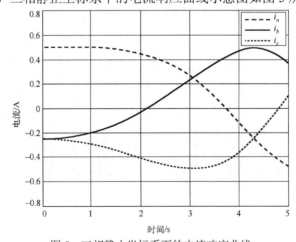

图 5 三相静止坐标系下的电流响应曲线

两相静止坐标系下的电流响应曲线示意图如图 6 所示。

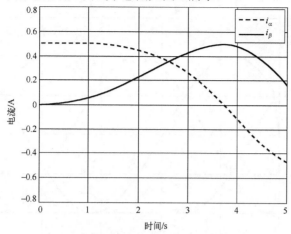

图 6　两相静止坐标系下的电流响应曲线

同步旋转坐标系下的电流响应曲线示意图如图 7 所示。

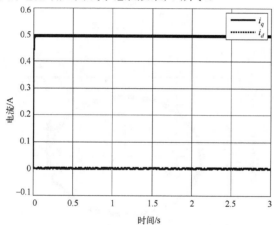

图 7　同步旋转坐标系下的电流响应曲线

2-4　答：电机以 3°/s 角速度稳速运行时，三相电流响应曲线如图 8 所示。

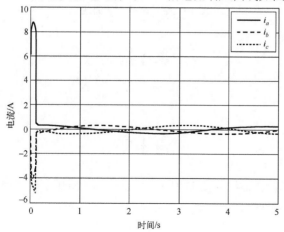

图 8　电机三相电流响应曲线

三相反电动势响应曲线如图 9 所示。

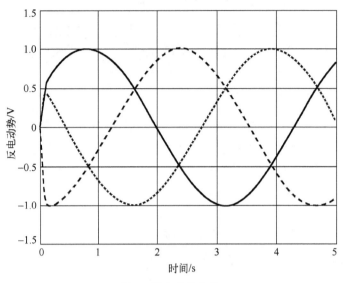

图 9　反电动势曲线

定子磁链响应曲线如图 10 所示。

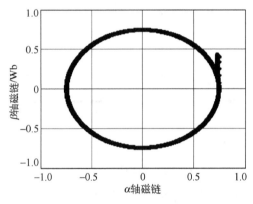

图 10　定子磁链响应曲线

# 第 3 章

略。

# 第 4 章

4-1　答：系统频率特性曲线如图 11 所示，可以看到一阶锁定转子谐振频率约为 14.45Hz，一阶谐振频率约为 63.79Hz。

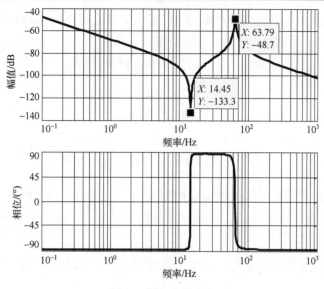

图 11　频率特性曲线

4-2　答：设计速度控制器实现速度闭环控制，其闭环频率特性曲线示意图如图 12 所示。可以看到速度闭环频率特性曲线中同样出现由谐振频率导致的幅频和相频突变现象。由机械结构仿真模型可得，一阶锁定转子谐振频率约为 14.45Hz，一阶谐振频率约为 63.79Hz。根据经验，为了保证系统稳定性，一般速度环的闭环控制带宽不大于锁定转子谐振频率的 1/2，即不大于 7.225Hz。由于机械结构谐振频率的限制，由图 12 可以看到，该系统速度闭环控制带宽设计约为 5.5Hz。

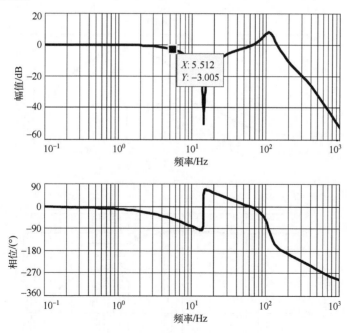

图 12　速度闭环频率特性曲线

4-3　答：由于该系统谐振频率约为 85Hz，因此，可选择 0.1～120Hz 的扫频范围对其进行激励，阶次 $n$ 取 3，正弦扫频信号设计结果如下：

$$u(t) = 10 \times \sin[2\pi \times (0.1t + 0.0011t^4)]$$

# 第 5 章

5-1　答：速度环 PI 控制器表达式如下：$G_{c\omega}(s) = k_{p\omega} \dfrac{\tau_\omega s + 1}{\tau_\omega s}$。

根据一阶锁定转子谐振频率和谐振频率数值，选定速度开环截止频率 $\omega_c$ 取值 18Hz，速度环相角裕度调节系数 $\lambda$ 取值 5。由频域设计法速度环 PI 控制器参数设计方法，可得 $k_{p\omega} = 821.49$，$\tau_\omega = 0.0442$。

将机械结构传递函数近似为 $\dfrac{K_t}{Js}$，此时，速度开环频率特性曲线如图 13 所示，速度闭环频率特性曲线如图 14 所示。

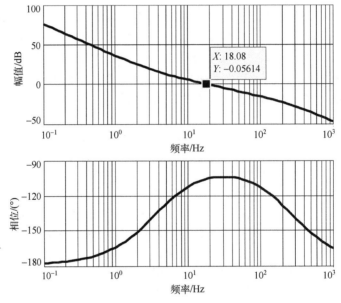

图 13　速度开环频率特性曲线

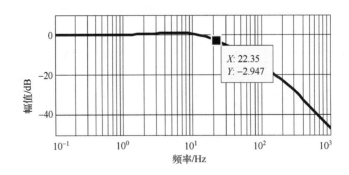

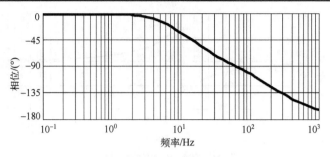

图 14 速度闭环频率特性曲线

5-2 答：低通滤波器传递函数为 $\dfrac{1}{0.0308s+1}$。该滤波器的频率特性曲线如图 15 所示。

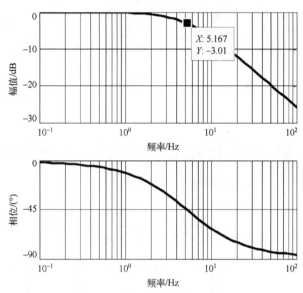

图 15 低通滤波器频率特性曲线

5-3 答：数字离散化表达式为
$$y(k+1)=0.9686y(k)+0.0314r(k+1)$$

5-4 答：陷波器传递函数表达式为
$$G_{nf}(s)=\frac{s^2+2\times0.03\times63\times2\pi s+(63\times2\pi)^2}{s^2+2\times0.3\times63\times2\pi s+(63\times2\pi)^2}$$

该陷波器的频率特性曲线如图 16 所示。

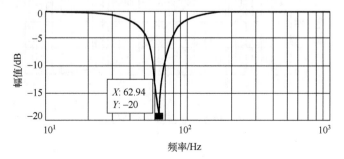

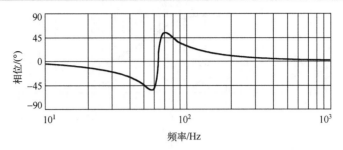

图 16　陷波器频率特性曲线

# 第 6 章

6-1　略。

6-2　略。

6-3　答：由公式推导可得，速度敏感函数表达式为 $S_\omega(s) = \dfrac{1}{1 + G_{c\omega}(s)B_\omega(s)}$ 。

根据已知条件，得 $B_\omega(s) = \dfrac{K_t}{Js}$ 。

开环截止频率 $\omega_c$ 取值 15Hz，相角裕度调节系数 $\lambda$ 取值 5，可得速度 PI 控制器设计结果
如下：$G_{c\omega}(s) = k_{p\omega}\dfrac{\tau_\omega s + 1}{\tau_\omega s}$，$k_{p\omega} = 2888$，$\tau_\omega = 0.053$ 。

可得 $S_\omega(s) = \dfrac{1}{1 + G_{c\omega}(s)B_\omega(s)} = \dfrac{26.5s^2}{26.5s^2 + 2449s + 46208}$，其频率特性曲线如图 17 所示。

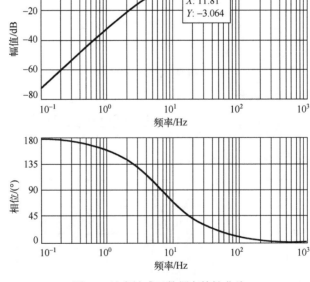

图 17　速度敏感函数频率特性曲线

此时，速度开环频率特性曲线如图 18 所示。

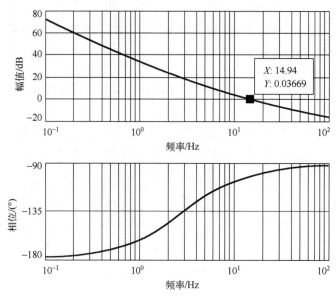

图 18　速度开环频率特性曲线

6-4　答：由公式推导可知，含有加速度反馈控制的系统速度敏感函数表达式如下：

$$S_\omega^*(s) = \frac{1}{1 + G_{c\omega}(s)G_\omega^*(s)}, \quad G_\omega^*(s) = \frac{1}{s} \cdot \frac{G_a(s)B_a(s)}{1 + G_a(s)B_a(s)}$$

加速度反馈控制器设计为 $G_a(s) = k_a = 3.5$。

可得 $S_\omega^*(s) = \dfrac{0.053s^2}{0.053s^2 + 15.41s + 290.8}$，其频率特性曲线如图 19 所示。

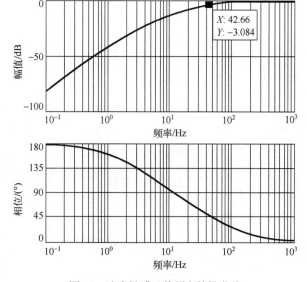

图 19　速度敏感函数频率特性曲线

此时，速度开环频率特性曲线如图 20 所示。

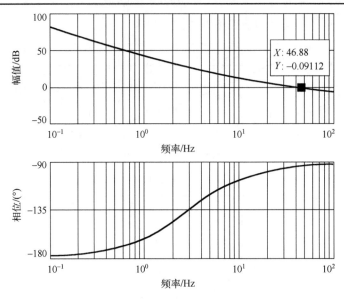

图 20　速度开环频率特性曲线

# 第 7 章

7-1　略。

7-2　答：采用基于最优时间控制的指令修正算法，位置修正指令、修正指令速度曲线如图 21 所示。

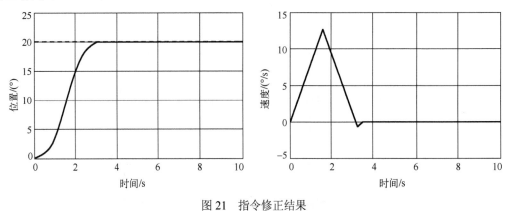

图 21　指令修正结果

7-3　答：采用基于多项式的指令修正算法，位置修正指令、修正指令速度和修正指令加速度响应曲线如图 22 所示。

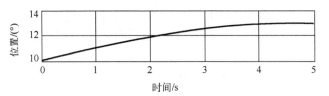

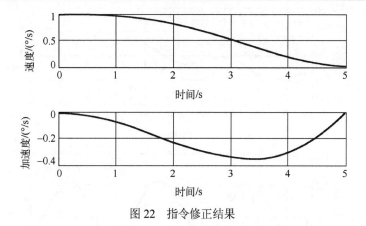

图 22 指令修正结果

# 第 8 章

8-1 略。

8-2 答：采用 8.3.1 节的二阶非线性跟踪微分器对该信号进行跟踪滤波，h 取 0.001，h0 取 0.001，$r$ 取 3000，结果如图 23 所示。

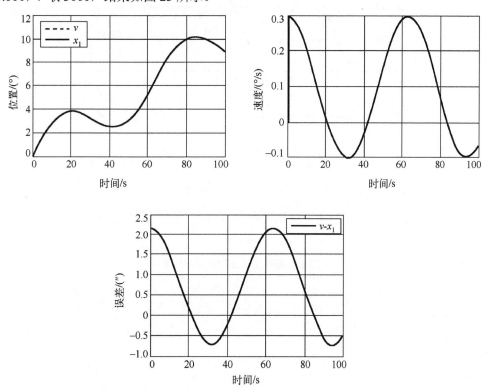

图 23 二阶非线性跟踪微分器跟踪滤波结果

8-3 答：基于卡尔曼滤波法的目标轨迹预测仿真结果如图 24、图 25 所示。

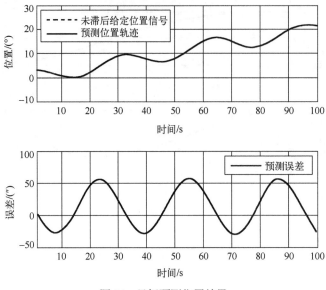

图 24　目标预测位置结果

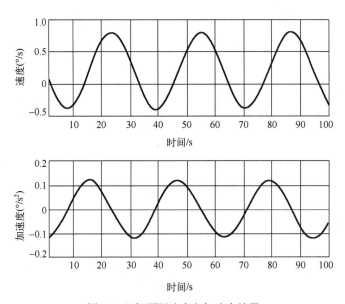

图 25　目标预测速度和加速度结果